广东省生态系统服务研究及其应用

王秀明　刘香华　刘　飘　等/著

中国环境出版集团・北京

图书在版编目（CIP）数据

广东省生态系统服务研究及其应用/王秀明等著．—北京：中国环境出版集团，2022.9

ISBN 978-7-5111-4979-4

Ⅰ．①广…　Ⅱ．①王…　Ⅲ．①生态系—环境系统—服务功能—研究—广东　Ⅳ．①X171.1

中国版本图书馆 CIP 数据核字（2021）第 255922 号

审图号：粤 S（2022）044 号

出 版 人　武德凯
责任编辑　董蓓蓓
责任校对　薄军霞
封面设计　彭　杉

出版发行　中国环境出版集团
（100062　北京市东城区广渠门内大街 16 号）
网　　址：http：//www.cesp.com.cn
电子邮箱：bjgl@cesp.com.cn
联系电话：010-67112765（编辑管理部）
010-67113412（第二分社）
发行热线：010-67125803，010-67113405（传真）

印　　刷　北京中科印刷有限公司
经　　销　各地新华书店
版　　次　2022 年 9 月第 1 版
印　　次　2022 年 9 月第 1 次印刷
开　　本　787×960　1/16
印　　张　13
字　　数　190 千字
定　　价　89.00 元

前　言

生态系统服务是指生态系统与生态过程所形成及所维持的人类赖以生存的自然环境条件与效用。通过土地利用-景观格局-生态过程/功能-生态系统服务-人类福祉，生态系统服务可以连接人类社会与自然生态系统，为可持续发展提供重要解决路径，因而，生态系统服务一直以来都是地理学、生态学等学科的研究前沿和研究热点。目前，生态系统服务领域主要研究方向包括生态系统服务时空格局及其变化的驱动力、生态系统服务维持机理与驱动机制、生态系统服务之间的权衡与协同关系、生态系统服务供给和需求关系等。

与此同时，生态系统服务研究具有重要的实践应用价值。一方面，通过对生态系统服务的空间异质性的模拟，可以识别重要生态空间，包括生态系统服务价值本身较高的区域，及联通这些区域的生态廊道、生态节点等，进而直接支撑生态空间管控和生态保护修复政策的制定。另一方面，通过评价不同时期的生态系统服务（实物量或货币量）变化，识别影响这种变化的人为和自然因素，可以为人类活动管控、生态系统管理提供参考。此外，通过估算不同时期区域的生态系统服务价值，可以评价扣除这种价值损失或考虑了这种价值的增益后，人类活动带来的真正经济收入或综合收益，可以直接应用于绿色GDP核算、自然资源核算、生态资产评估、生态产品定价等。“十三五”时期以来，“绿水青山就是金山银山”不断从一种发展理念转化为一种实际的发展路径，2021年，中共中央办公厅印发了《关于建立健全生态产品价值实现机制的意见》，要求建立生态产品价值评价机制，进一步加速了生态系统服务研究的实际应用。

广东省是改革开放以来我国工业化和城市化发展较快的地区，尤其是珠三角地区的快速城市化带来生态系统退化、生物多样性丧失等多种生态问题，直接影响了区域生态系统功能和人民生态环境福祉，因而研究广东省生态系统服务时空变化对区域可持续发展具有重要意义。与此同时，广东省各地市社会经济发展和资源环境条件存在显著差异，通过生态服务重要性评价和生态安全格局构建识别重要生态空间，对于制定区域生态保护政策具有重要的现实意义。

本书综合了作者在生态系统服务、生态空间管控方面开展的科学研究和政府管理支撑工作。首先综述了生态系统服务领域研究和实践进展，利用了遥感和GIS方法，分析了广东省生态系统质量演变趋势。其次，利用多种数据源和多种模型，评价了区域生态系统服务重要性，研究提出了区域生态安全格局和生态保护修复总体格局，并结合作者的工作实际，说明了上述研究在生态空间管控政策制定中的应用。再次，评价了不同时期多尺度下水源涵养、土壤保持、生物多样性维持、碳储存、洪水调蓄、空气净化、气候调节等生态系统服务的实物量和货币量，分析了生态系统服务时空变化的影响因素，同时结合工作实际，说明了此研究在重要生态空间的监管评估及生态保护补偿、生态损害赔偿、生态系统服务价值(GEP)核算政策实施中的应用。最后，研究了各类生态系统服务之间的权衡与协同关系，提出了广东省加强生态系统保护修复的对策措施。

本书由王秀明统稿，各章撰写分工如下：第1章，王秀明、刘谞承、刘香华；第2章，刘飘；第3章，王秀明、赵鹏、赵妍；第4章，王秀明、刘谞承、赵鹏；第5章，王秀明；第6章，刘香华；第7章，问鼎；第8章，刘谞承。

在撰写本书的过程中，引用了国内外学者的研究成果，在此对这些学者的杰出工作致以崇高的敬意。真诚希望读者对本书的不足之处提出修改意见。

作　者

2021年12月

目录

1 总论

本章介绍了本研究的政策背景和实践背景、研究内容和意义，系统梳理了生态系统服务国内外研究进展，总结了我国生态系统保护修复制度建设和实践情况，概括了本研究总体技术路线。

1.1 研究背景

1.1.1 政策背景

自党的十八大将生态文明纳入中国特色社会主义事业“五位一体”总体布局以来，我国生态文明建设和生态环境保护工作被提到新的高度。2015 年《生态文明体制改革总体方案》明确了我国新时期生态文明制度改革方向，提出建立国土空间开发保护制度、建立山水林田湖草统筹修复制度、健全资源有偿使用和生态补偿制度、建立健全环境治理体系、完善生态文明绩效评价考核和责任追究制度等要求，为生态文明建设提供了有力的制度保障。

国土空间开发保护方面。当前我国已建立了以国土空间规划为统领，以主体功能区、生态保护红线、自然保护地体系为支撑的空间管控制度体系，并逐步建立了重点生态功能区、自然保护区、生态保护红线等重要生态空间保护成效评估考核制度。各类重要生态空间的划定和评估均依赖于科学评价，其中生态保护红线划定以生态系统服务重要性评价为主要依据，各类生态空间保护成效评估以生态系统服务时间变化为主要依据，是生态系统服务理论和方法在实践中的重要应用方向。

生态保护修复方面。2018 年以来，我国相继出台了山水林田湖草生态保护修复试点、编制国土空间生态保护修复规划、实施全国重要生态系统保护和修复重大工程等重要决策部署。按照山水林田湖草生命共同体的理念，应充分考虑生态系统完整性和内在联系，从区域生态安全格局的角度统筹开展保护修复。生态系统服务作为重要源地识别的依据，是区域生态安全格局研究的基础，为新时期国土空间一体化生态修复提供了实现途径（彭建，2020）。

资源有偿使用和生态补偿制度方面。2016 年以来，我国相继提出了自然资源有偿使用、健全生态保护补偿、自然资源及产品价格改革等制度改革要求。2021 年中共中央办公厅、国务院办公厅《关于建立健全生态产品价值实现机制的意见》提出完善生态产品价值实现路径。此外，作为环境治理体系的重要组成部分，生态环境损害赔偿、自然资源负债表、领导干部自然资源资产离任审计等制度均依赖于清晰的自然资源资产核算体系。生态系统服务价值核算是合理确定生态补偿标准、生态损害赔偿费用、生态产品价格的重要依据，对于科学开展生态保护补偿、生态环境损害鉴定评估、绿色 GDP 统计、自然资源资产核算和资产负债表编制等具有重要意义。

1.1.2 实践背景

广东省作为我国改革开放的前沿阵地，是各项制度改革创新、先行先试的试验田。

生态空间管控和生态价值评估方面。2005 年深圳市率先在全国提出了基本生态控制线制度，要求除重大基础设施工程外，禁止在基本生态控制线范围内进行建设；2006 年《广东省环境保护规划纲要（2006—2020 年）》提出了生态控制分区制度，要求严格保护区内“禁止所有与环境保护和生态建设无关的开发活动”，对广东省生态保护起到重要作用。

生态系统服务价值评估方面。深圳在国内率先提出开展 GDP 与 GEP（生态系统生产总值）双核算，2014 年作为试点地区开展了绿色 GDP 核算；2018 年组织开发了深圳市 GEP 线上核算系统。与此同时，广东省尤其是珠三角地区城镇化发展较快，土地利用方式变化剧烈，区域生态质量演变趋势如何、重要生态空间生态系统服务变化趋势如何、整体性的生态系统修复应如何开展、现有的环境经济核算工作如何应用于城乡建设和生态环境管理，是我国生态环境部门应关注的重点问题，对其开展研究是广东省作为改革创新前沿阵地的重要使命。

1.2 研究内容和意义

（1）生态系统质量演变趋势

分析了2000—2020年区域土地利用及景观格局变化，并从生态质量单一指标和综合指数方面，评估了区域生态系统质量演变趋势，以便充分掌握区域生态格局和生态质量变化情况，为生态系统管理提供科学参考。

（2）生态系统服务重要性和重要生态空间划定

以水源涵养、水土保持、生物多样性维护、碳储存等生态功能为重点，开展区域生态系统服务重要性评价，划定了生态功能重要区，并结合“生态保护红线”、“三线一单”中“一般生态空间”、国土空间总体规划中“生态控制区”划定等工作，介绍了生态系统服务重要性评价的应用实践，对于完善区域生态空间管控措施、全面实施系统性的保护具有一定意义。

（3）生态安全格局与国土空间生态修复

基于生态系统服务重要性评价结果，识别了生态源地，并模拟识别了生态廊道、生态障碍点和生态夹点，识别了区域生态保护修复格局，并提出了生态保护修复对策措施，对于优化区域生态安全格局、实施系统的生态保护修复具有一定意义。

（4）生态系统服务时空变化与生态功能评估

通过多种模型评价了区域2000年、2010年、2020年水源涵养、水土保持、生物多样性维护、碳储存、洪水调蓄、空气净化、气候调节7类生态系统服务时空变化特征及其主要影响因素。在此基础上，结合我国生态保护红线、自然保护地、重点生态功能区等生态监管制度需求，选取生态保护红线、重点生态功能区等典型区域，介绍了生态系统服务评价在生态监管工作中的应用实践，对于强化区域重要生态空间监管具有一定意义。

（5）生态系统服务价值与自然资源核算

在区域和市域尺度下，全面评估了广东省生态系统供给服务价值、调节服务价值、文化服务价值及生态系统服务总价值，并举例说明了生态系统服务价值核算在生态保护补偿、生态损害评估中的应用。生态系统服务价值估算是促进生态价值实现的基础统计工作，对于通过生态保护补偿、合理生态产品定价等方式促进绿水青山向金山银山转化具有重要意义。

（6）生态系统服务权衡协同关系研究

在区域和市域尺度下，研究了水源涵养、水土保持、生物多样性维护、碳储存 4 类生态系统服务权衡协同关系，分析了综合生态系统服务热点区，以期揭示广东省生态系统服务权衡协同关系的时间变化和空间异质性，为该区域生态保护修复的政策制定提供科学依据。

1.3 生态系统服务研究综述

1.3.1 研究历程

生态系统服务是指生态系统与生态过程所形成及所维持的人类赖以生存的自然环境条件与效用，即人类通过生态系统的各种功能直接或间接得到的产品和服务（谢高地，2003）。生态系统服务类型包括支持服务（养分循环、土壤形成、初级生产）、供给服务（食物、淡水、燃料）、调节服务（调节气候、调节洪水、净化水质）和文化服务（美学、精神、教育、消遣等）（MA，2005）。不同时期生态系统服务研究主要关注内容如下（张慧，2016）。

（1）生态系统服务概念和内涵研究

生态系统服务概念起源于 20 世纪 60 年代，《人类对全球环境的影响》提出了生态系统具有害虫控制、昆虫授粉、渔业、土壤形成、水土保持、气候调节、洪水控制、物质循环等功能。后续学者不断完善生态系统服务的外延，如 Holdren

（1974）与 Ehrlich（1981）论述了生态系统在土壤肥力与基因库维持中的作用。Daily（1997）在 *Nature's Service：Societal Dependence on Natural Ecosystem* 中提到生态系统服务应包括大气和水的净化、生物多样性维护、紫外线防护、气候稳定化、种子的扩散和养分迁移、大气调节等。Constanza 等（1997）综合了国际上已发表的研究成果，将生态系统服务归纳为 17 类，并在全球尺度上对 16 类生态系统服务价值进行了评价。

（2）生态系统服务价值研究

1992 年联合国环境与发展大会发表的《21 世纪议程》指出，应在所有国家中建立环境-经济一体化体系，从而完善传统的国民生产总值核算方法。1993 年联合国统计局（UNSO）提出综合环境与经济核算体系。我国欧阳志云等、谢高地等学者在 Constanza 等的研究基础上，对我国生态系统服务价值进行了评价，如欧阳志云等（1999）全面评价了中国陆地生态系统服务及其间接经济价值，谢高地（2003）等一批学者评价了森林、草地等各类生态系统服务价值，2003—2010 年众多学者在青藏高原、黑河流域等重点区域、重点流域及部分省份对一种或多种生态系统开展了大量的生态系统服务价值研究，这一时期部分研究通过估算生态系统服务实物量，再利用市场价值法、替代市场法、防护费用法等方法开展经济价值评估，较为合理。另外，部分研究直接利用 Constanza 价值当量系数（不同土地类型的服务价值量）或对相关参数进行本地化后开展服务价值评价，参数的合理性直接决定了研究结果的科学性。

（3）关注生态系统结构、过程与生态服务之间关系的研究

在过去几十年中，生态系统服务研究取得了许多重要成果，但也存在一些问题，如仅单纯地对生态系统服务的总价值进行估算，忽略了生态系统服务空间分布的异质性。2001 年 6 月 5 日联合国世界卫生组织联合环境规划署和世界银行等机构启动了千年生态系统评估项目（Millennium Ecosystem Assessment，MA），MA 将主要生态系统服务类型归纳为产品提供、调节、文化和支持四大类，特别关注生态系统结构、过程与生态服务之间的关系，并与人类福祉相连。MA 是首

次在全球范围内对生态系统及其对人类福祉的影响进行的多尺度综合评估，为决策者提供了可靠的生态系统变化信息，为政策干预提供了可能。这一时期，生态系统服务评价模型也得到快速发展，以遥感数据、社会经济数据、GIS 技术为数据和技术支持的生态系统服务评价模型发挥着越来越重要的作用，应用范围较广的模型包括 InVEST、ARIES、SolVES 等。

1.3.2 生态系统服务评价方法

目前，生态系统服务评价方法主要包括价值量评估法、物质量评估法、能值评估法三大类（表 1-1）。

表 1-1 生态系统服务评价方法比较

类别	方法	优点	缺点
价值量评估法	当量因子法	数据需求少，简便易操作	以土地利用类型为基础，忽略了空间异质性，主观性强
	功能价值法	数据需求少，简便易操作	主观性强，对服务形成机理解释性弱
物质量评估法	模型法（InVEST、SolVES、ARIES、MIMES）	反映了生态过程和机理，部分模型结果可实现空间可视化（InVEST、SolVES、ARIES 等）	数据难获取；参数需结合地域特征确定，存在一定主观性
	NPP 定量评价法	数据需求较少；能较好地反映空间异质性	机理不明确；目前仅能评价水源涵养、水土保持等 4 类服务
能值评估法	能值评估法	数据需求较少；能较好地反映能量流动及利用过程	转换率难以确定；不能评价文化服务及部分调节服务

资料来源：参考相关文献（袁周炎妍等，2019；郭朝琼等，2020；张琨等，2016）整理而成。

（1）价值量评估法

价值量评估法是利用经济学方法，以货币化形式对生态系统提供的服务进行评价。2008 年，谢高地等在 Constanza 等提出的生态系统服务价值估算原理的基础上，将生态系统服务价值体系中国化，极大地促进了这类方法在中国的发展（袁周炎妍等，2019）。谢高地总结认为生态系统服务价值评估可分为两大类：一类是基于单位面积价值当量因子的评估方法（简称当量因子法）；另一类是基于单位服务功能量价格的估算方法（简称功能价值法）（袁周炎妍等，2019）。其中由于当量因子法以土地利用类型为基础，忽略了同一土地利用类型下的空间异质性，近年来其使用率逐渐降低。功能价值法基于生态系统服务的量化数据，通过实际市场法、替代市场法、虚拟市场法（李丽等，2018）对其进行货币化。其中实际市场法包括费用支出法和市场价值法；替代市场法包括机会成本法、替代成本法、恢复和防护费用法、影子工程法、旅行费用法和享乐价格法等；虚拟市场法包括条件价值法和意愿选择法（李丽等，2018），目前功能价值法仍频繁应用于自然资产评估、生态系统服务价值核算等。

（2）物质量评估法

物质量评估法主要通过分析生态过程，以实物量表示生态系统服务，主要包括模型法和 NPP（植被净初级生产力）定量评价法。模型法包括 InVEST、SolVES、ARIES、MIMES 等多种服务评价模型（郭朝琼等，2020）。InVEST 模型是目前应用最为广泛且较成熟的模型，主要针对服务供给评估，可用于评估陆地及海洋近 20 种服务，包括生境质量、生境风险、海水质量、碳储存、水源涵养（产水量）、养分持留、土壤保持（泥沙输移）、气候调节、木材生产、作物生产等，另外该模型还可以用于叠加分析（识别重要海洋和海岸带）和海岸脆弱性分析。该模型数据要求少且易获取，适用于各种尺度范围（黄从红等，2013），在国内外的应用较为普遍。SolVES 模型主要用于评估、量化生态系统服务社会价值，尤其是文化类服务的非使用价值评估。该模型在价值转换制图模块使用中，缺少对地区间环境因子差异的考虑，同时该模型在景观参数设定中，也存在一定的缺陷（黄从红等，2013），因此其适用范围有较大的局限性。ARIES 是一个模型整合平台，重点关注生态系统服务的需求，按生态系统服务流，综合考虑了源、汇、使用者各方面的影响因素，能满足多项生态系统服务评估需求，评估精度较高，未来发展趋势较好（黄从红等，2013），但目前其应用研究主要适用于美国，同时该模型为非开源模型，结构较为复杂，这是限制其推广的主要原因（郭朝琼等，2020）。NPP

定量评价法的原理是水源涵养、水土保持等生态系统服务与NPP显著相关。该方法数据需求相对较少，广泛应用于生态保护红线划定中的生态重要性评估，但由于其机理不明确，目前主要用于生态系统固碳释氧功能评估。

（3）能值评估法

能值评估法通过评估生态系统形成过程中消耗的太阳能值，评价生态系统服务。该方法的优势在于可以将人类社会经济系统和生态系统衔接起来，缺点在于转换率难以确定，部分物质和太阳能的关系很微弱（贾芳芳，2014），因而不能评价文化服务及部分调节服务。

整体而言，由于存在生态系统服务多样、难以定价、能值转换率分析复杂等因素（李敏，2016），价值量评估法、能值评估法主观性、不确定性较大，物质量评估法评估结果相对客观、衡定，并便于比较不同区域和时期生态系统服务变化情况，目前应用较为广泛。

1.3.3 生态系统服务时空变化及驱动因素

（1）生态系统服务时间变化特征及驱动因素

我国生态系统服务变化研究经历了从简单的价值量评估到模型法评估物质量，从关注土地利用变化及社会因素的影响到全面关注自然因素和社会因素的影响，再到预测生态系统服务变化趋势的发展过程（王军等，2015）。

1）生态系统服务演变趋势、驱动因素和趋势预测

2000年以来，国内众多学者研究了土地利用变化带来的生态系统服务价值变化，早期研究以价值量评估法为主，并主要关注土地利用变化、人口、GDP、产业结构、城市化水平等社会因素对生态系统服务的影响。2012年以来，部分学者开始运用模型法评价单种或多种生态系统服务变化，并主要关注自然因素的影响，如李屹峰等（2013）利用InVEST模型研究了密云水库流域水源涵养、土壤保持、水质净化服务随时间变化情况；张媛媛（2012）、潘韬等（2013）基于InVEST模型研究了三江源区生态系统水源供给服务时空变化，发现气候变化和土地利用共

同作用于水源供给服务；陈姗姗（2016）研究了南水北调水源区产水量、水源涵养、土壤保持服务，发现气候因素通过改变降水、潜在蒸散量影响产水量，蒸散量、土壤饱和导水率、森林覆盖率对子流域水源涵养能力影响最为显著，植被覆盖度和坡度坡向因子是影响土壤侵蚀和土壤保持能力的主要因素；李素晓（2019）研究了 1990—2015 年京津冀地区水源涵养、水质净化、土壤保持和固碳 4 类服务随时间变化的驱动因素，发现自然因子贡献率高于社会因子。此后，研究内容和方向日趋多样化，历史变化趋势研究包括历史城市扩张、景观破碎化、生态修复工程对生态系统服务的影响，部分学者通过元胞自动机模型、马克洛夫模型等模拟了未来土地利用格局，预测了未来生境质量、碳储存等服务变化趋势（吴佩君，2016；荣月静，2015）。

2）重要区域保护成效评价

2015 年以来，随着生态保护红线、主体功能区等空间区划政策的深入实施，保护成效研究应运而生，部分学者开展了重点生态功能区、自然保护区、生态保护红线区域等区域生态系统服务变化趋势研究，主要方法包括直接评价法和综合指标体系法。

直接评价法方面。黄麟等（2015）、侯鹏等（2018）、刘璐璐等（2018）利用降水储量法、水土流失方程、土壤风蚀方程等方法定量分析了国家重点生态功能区生态系统水源涵养、土壤保持、防风固沙等服务的变化情况。张镱锂等（2015）基于 NPP 数据，通过样区对比法研究了青藏高原自然保护区保护成效。查东平等（2020）按照国家提出的生态保护红线“功能不降低、面积不减少、性质不改变、管理不弱化”的要求，通过模型法评价了江西省生态保护红线保护成效。李霞等（2018）基于 Shannon-Wiener 多样性指数和净初级生产力分析了山西省自然保护区变化趋势。

综合指标体系法方面。祝萍等（2018）通过分析植被覆盖度、植被净初级生产力及人类扰动情况，评价了中国典型自然保护区生境状况变化情况。路春燕等（2015）在整个自然保护区和核心区两个尺度上建立了包括景观指数、干扰指数、生境破碎化指数等指标在内的指标体系，分析了松嫩平原西部湿地自然保护区保护有效性。贾有余等（2017）建立了包括净初级生产力、地表温度、地表裸露度和植被覆盖度的生态质量指标，并以此评价苏州市吴中区生态保护红线区生态质量变化。侯鹏等（2018）研究了生态保护成效评估方法，徐德琳等（2020）按照生态保护红线“功能不降低、面积不减少、性质不改变、管理不弱化”的要求，建立了生态保护红线保护成效评估指标体系，其中功能维护系数主要包括水源涵养、生境质量、水土保持、防风固沙功能量和植被覆盖指数。

（2）生态系统服务空间分布特征及驱动因素

随着研究的不断深入，生态系统服务的空间异质性得到了学界关注，空间统计方法被引入生态系统服务的空间异质性研究中。在国外研究（Benis，2008）的影响下，国内学者吴健生（2013）较早运用热点分析法分析了北京地区生态系统服务权衡-协同关系，李双成等（2014）提出了生态系统服务地理学的概念，此后王蓓等（2016）、李彪（2017）、党虹（2018）、王壮壮等（2019）利用冷热点分析等空间分析方法分别研究了黑河流域、南流江流域、钩秤河流域、延河流域多种生态系统服务的空间分布特征，部分学者据此开展了重要生态功能区划分。

生态系统服务空间分布特征的影响因素研究方面，早期研究主要通过分析不同子流域生态系统服务与人为和自然因素的相关性开展，后逐渐利用地理探测器等方法开展研究。如苏常红等（2018）研究发现，影响泥沙截持的主要因素是坡度，影响产水量的主要因素是降水量和温度，影响 NPP 生产/固碳释氧的主要因素是温度和坡向。廖文婷等（2018）基于子流域分析了长江流域水文调节服务空间特征及其影响因素，发现影响水文调节服务的主要因素是水库库容、自然植被面积比例、农田面积比例、单位面积人口数。王秀明等（2020）利用地理探测器研究发现，水源涵养量空间异质性主要受土地利用类型、降水量影响，生境质量、碳储存主要受土地利用类型、坡度、海拔影响，土壤保持量则受各因素影响相对均等。戴尔阜等（2020）利用地理探测器研究了横断山区产水服务空间异质性及其影响因素，发现在气候、地形、土壤、植被、土地利用等因素中，气候因子（蒸散量、降水量）对产水量空间分异性的解释能力最大。

1.3.4 生态系统服务重要性评价

生态系统服务重要性评价是针对典型区域生态系统，分析生态系统服务的区域分异规律，明确各种生态系统服务的重要区域（朱立晨，2018）。当前生态系统服务重要性评价广泛应用于生态功能区划、生态保护红线划定等工作，并逐步作为生态安全格局构建的重要基础，在生态保护修复等方面发挥重要作用。

生态系统服务重要性评价是在我国开展生态功能区划工作的实际需要中发展起来的，欧阳志云等（2002）提出了生态功能区划方法并在甘肃省开展了实践研究；2002 年《生态功能区划暂行规程》提出了生态系统服务重要性评价指标体系和综合定量评价模型，主要包括生物多样性维护、水源涵养和水文调蓄、土壤保持、沙漠化控制、营养物质保持等方面。2003—2013 年部分学者按照《生态功能区划暂行规程》评价了区域生态系统服务重要性，并划定了生态功能重要性分区。

2014 年以来，随着基于 GIS 的空间可视化评价方法日益完善，生态系统服务重要性开始依托模型法进行评价，贾芳芳（2014）基于 InVEST 模型研究了赣江流域丘陵区人工林的水源供给、碳储存、水土保持 3 类服务变化情况，并评价了综合服务，划定了重要保护区。荆田芬（2016）基于 InVEST 模型分析了抚仙湖流域土壤保持、水源涵养、生物多样性维护服务变化，并划定了流域生态一般重要区、重要区和极重要区。

2015 年，环境保护部印发了《生态保护红线划定技术指南》，规范了生态系统服务重要性、敏感性、脆弱性评价方法，其中生态系统服务重要性评价主要有模型评价法、NPP 定量指标法两种。朱立晨等（2018）、陈涛等（2018）采用 NPP 定量指标法分别开展了闽三角地区、深圳市生态系统水源涵养、水土保持、生物多样性维护服务评价和综合服务能力评价。刘世梁等（2018）比较了两种方法，结果表明在市域尺度上，模型评价法评价结果与现状的一致性明显高于 NPP 定量指标法。此外，部分研究利用综合指数法开展重要性评价，如谢余初等（2018）

以生境质量、植物净初级生产力和景观状态指数为评价指标，构建综合指数评价了白龙江流域生物多样性空间分布特征，划分了 4 个等级的生物多样性保护区。刘世梁（2019）构建了生态系统服务能力指数和景观脆弱性指数来综合评价生态系统服务重要性。

1.3.5 生态系统服务价值核算

生态系统服务价值核算是对生态系统本身可利用（或破坏）和其提供的能够被人类获取惠利的服务的价值评估（於方等，2020）。生态系统服务价值核算和生态产品价值实现是贯彻落实习近平生态文明思想和践行“绿水青山就是金山银山”理念的重要举措，已成为支撑我国生态文明体制改革的前沿领域和重要基础。生态系统服务价值核算可评估当前生态系统状况与效益，还可评估区域生态文明建设进展与成效，为生态补偿政策提供科学依据和方法。

在全球生态系统服务价值的评估研究进程中，21 世纪初以来，国外科学家就开展了生态系统服务研究，在了解到生态系统价值对社会经济发展发挥着巨大的作用之后，全球研究的热点逐渐向生态系统服务评价与生态系统服务价值核算转变，并初步建立了生态系统服务评价的理论指标框架，探索了不同生态系统、不同服务类型生态系统服务的评估方法。Gretchen Daily 等（1997）和 Robert Costanza 等的研究最具代表性，全球生态系统年服务价值第一次被 Costanza 核算得出。随后，国际组织陆续推动一系列大型的生态系统服务价值核算研究，2001 年联合国的 MA、2007 年欧盟的生态系统和生物多样性经济学项目（TEEB，2009）、2010 年世界银行的财富账户与生态系统价值核算项目（WAVES）和 2014 年联合国统计局（UNSD）发布的基于环境经济核算体系（SEEA）的《实验性生态系统核算》（EEA）等一系列成果都对生态系统服务价值核算做了大量探索。2021 年，联合国统计委员会第 52 届大会审核通过了《环境经济核算体系——生态系统核算》，GEP 被正式纳入联合国发布的首个生态系统核算国际统计标准（施发启，2022）。

我国对生态系统服务及其价值评估的研究最早始于 20 世纪 80 年代初，之后逐渐发展壮大，大部分学者以生态系统服务价值核算法开展研究，重点对森林、地表水、草地、湿地等生态系统类型的服务价值进行深入核算研究（于德永等，2006；蔡邦成等，2006；杨璐等，2007；叶延琼等，2008），促使国内生态系统服务及其价值评估研究由理论探讨转向实践。谢高地等（2008）基于 Costanza 的研究成果，提出了当量因子法，基于可量化的标准构建了不同类型生态系统各种服务的价值当量，然后结合生态系统的面积进行了评估。

当前生态系统服务价值评估主要应用于 GEP 核算、生态损害评估、绿色 GDP 核算中。2013 年，世界自然保护联盟（IUCN）与中国科学院生态环境研究中心共同提出生态系统生产总值（GEP）的概念，这是一个能够代表生态系统生态损益的指标，可以量化生态系统服务提供能力（欧阳志云等，2013）。马国霞等（2019）对 2015 年中国森林、草地和湿地三大生态系统因人类不合理利用导致的生态破坏损失进行了核算。核算结果显示：2015 年中国生态破坏损失约为 2.38 万亿元，占 GDP 比重的 3.3%；中国生态破坏损失主要分布在西部地区，区域空间差异大，青海、湖南、四川、黑龙江、内蒙古、江苏等省（区）的生态破坏损失都大于 1 000 亿元；中国生态破坏损失主要来自气候调节和水流动调节服务损失。在绿色 GDP 概念下，中国科学院生态环境研究中心、生态环境部环境规划院核算了 2015—2018 年全国 31 个省（区、市）的 GEP，建立了陆地生态系统生产总值核算技术指南，2020 年完成了《全球生态系统生产总值（GEP）核算报告》，核算了 179 个国家 2017 年的 GEP。

1.3.6 生态系统服务权衡协同

各类生态系统服务之间相互影响，存在着复杂关系，一般表现为权衡和协同两种关系（杨晓楠，2015）。权衡指某一类型的生态系统服务由于其他类型的生态系统服务使用的增加而减少的情况；而协同则刚好相反，是指一种生态系统服务随着另一种或多种生态系统服务的增加或减少同时变化的情况（刘海，2018；

Raudsepp-Hearne C，2010）。弄清不同生态系统服务之间的权衡与协同关系对于生态系统的管理和优化有着重要的现实意义（郑华，2013）。掌握生态系统服务权衡与协同关系对提升生态系统服务总体效益和人类福祉至关重要，并可辅助自然资源管理和生态规划实践，目前已成为生态系统服务研究的热点（曹祺文，2016；彭建，2017）。

针对不同生态系统服务之间存在的相互关系，国内外学者进行了深入的研究。针对红树林生态系统，Grasso M 等（1998）从渔业资源、木材和生境维持 3 种生态服务入手，研究了三者之间的权衡和协同关系。Aillery 等（2001）通过对农业区中各类生态系统服务之间关系的研究，确定了木材生产、粮食生产等供给服务与土壤保持、水质净化、区域生物多样性维护等调节或支持服务之间往往存在着权衡关系，土壤保持、植被固碳、空气净化等调节或支持服务之间存在着协同关系。Ian 等（2011）通过对草原生态系统服务进行评价，分析了各类服务与生物多样性之间的权衡取舍。Johnson 等（2012）使用 Span 模型对美国普吉特海湾地区的旅游休憩服务的流动进行了分析，发现该服务的供给和需求在空间上具有很好的一致性。Darvill 等（2015）将文化服务纳入土地利用管理方面的研究中，对区域生态系统服务间的权衡与协同关系进行了研究，发现生态系统服务之间的权衡与协同关系对未来土地开发具有指导意义。Daniel 等（2016）通过对陆地生态系统服务之间的权衡和协同关系进行研究，最终得出结果认为生态系统服务之间的权衡关系对于塑造土地利用竞争的方式至关重要。

国内学者李晶（2016）对关中—天水经济区生态系统服务权衡关系进行了研究，结果表示，调节型生态系统服务（NPP、固碳释氧、水文调节、水土保持）与供给型生态系统服务（粮食生产）之间存在着此消彼长的权衡关系。武文欢等（2017）研究了鄂尔多斯市生态系统服务权衡与协同关系，发现产水量与土壤保持之间存在协同关系，食物供给和碳储存之间存在权衡关系，产水量和土壤保持、碳储存在耕地和林地中呈现此消彼长的变化方式，而在草地中 4 种生态系统服务同时增加。陈海鹏（2017）研究了小江流域固碳、产水、土壤保持、生境质量

4 种服务权衡与协同关系的水平空间特征和垂直样带特征，结果显示流域内生态系统服务权衡关系占据主要地位，多以生境质量为主导服务，不同垂直带谱上相互作用关系不同。

在对生态系统服务权衡与协同关系的方法进行研究时，由于能定量化地评估具体值的大小，现有研究大多是根据土地类型来评估生态系统服务价值（Fu et al.，2013；Deng et al.，2016）。根据对国内外研究概况的总结，可以将生态系统服务权衡与协同研究方法分为四大类：数学统计法、生态系统服务流动性分析法、情景模拟和空间分析（戴尔阜等，2016）。

综上所述，国内外学者针对生态系统服务评价与时空动态变化及其权衡与协同关系已经开展了大量的案例研究，得到了许多值得借鉴的研究成果，但是总体来看，生态系统服务权衡与协同关系研究仍有许多方面需要补充和完善。在研究内容上，需要对生态系统服务进行分类体系的统一，确保进一步的研究能够得到准确的结果；在研究方法上，各个方法各有优缺点，计算模型还需要进一步完善；在研究区域上，现有研究大多集中在湿地、林地和耕地等生态系统，缺少对城市群生态系统的相关研究。

1.4 我国生态系统保护修复制度建设及实践进展

我国生态系统保护经历了重要物种栖息地保护—自然保护区保护—生态功能区划—主体功能区规划—生态保护红线划定等阶段，从最初关注结构保护，到注重功能提升，再到底线控制，生态系统保护管理制度日趋完善。当前我国高度重视重要生态系统的保护和修复，自然保护地、生态保护红线等重要生态区域的监管，以及生态产品价值的实现。

1.4.1 生态空间划定和管控

自然保护地方面。1994 年以来，我国陆续出台了森林公园、自然保护区、海洋自然保护区、湿地公园、沙漠公园相关法规，建立了完善的自然保护地管理制度。2019 年，《关于建立以国家公园为主体的自然保护地体系的指导意见》要求开展自然保护地优化调整，建立以国家公园为主体的自然保护地体系。目前正在研究制定“国家公园法”和“自然保护地法”。

生态功能区划方面。2002 年，《生态功能区划暂行规程》明确了生态敏感性、生态服务功能重要性评价方法。2008 年，《全国生态功能区划》（后于 2015 年修编）基于生态敏感性、生态服务功能重要性划定了我国重要生态功能区，2015 年修编版《全国生态功能区划》划定了全国 63 个重要生态功能区，并提出相应的保护要求。

主体功能区方面。2010 年，国务院印发《全国主体功能区规划》，提出以优化开发区、重点开发区（农产品主产区、重点生态功能区）、限制开发区、禁止开发区 4 类主体功能区规范国土空间开发活动，划定了水源涵养、水土保持、防风固沙、生物多样性维护 4 类共 25 个国家重点生态功能区。

生态保护红线划定方面。2015 年《生态保护红线划定技术指南》在生态功能区划的基础上完善了生态系统服务重要性、生态敏感性、生态脆弱性评价划定方法。2017 年以来，各省（区、市）生态环境部门组织开展了生态保护红线划定工作，2020 年各地自然资源管理部门组织开展了生态保护红线调整评估工作。

1.4.2 生态质量及生态系统服务变化评估

生态质量评估方面。2006 年，《生态环境状况评价技术规范（试行）》（后于 2015 年修订）提出以生态环境状况指数（EI）评价各地生态环境质量，各地自 2006 年开始持续开展 EI 监测评估。2021 年《全国生态状况调查评估技术规范——生态系统质量评估》（HJ 1172—2021）提出了以生态系统质量指数（EQI）评价生态质量，改变了以往对生态质量和环境质量综合评价的局面。

生态系统服务评估方面。2008 年以来，我国先后发布了《森林生态系统服务功能评估规范》（LY/T 1721—2008，后升级为 GB/T 38582—2020）、《湿地生态系统服务评估规范》（LY/T 2899—2017），明确了森林、湿地等生态系统服务评估方法。2021 年《全国生态状况调查评估技术规范　生态系统服务功能评估》（HJ 1173—2021）提出了水源涵养、土壤保持、防风固沙、生物多样性维护服务评价方法，并在《生态保护红线划定技术指南》的基础上，改进了生物多样性维护评估方法。

评估实施层面。2000 年以来，我国先后完成 4 次生态状况调查评估，包括“2000 年全国生态现状调查”及 2000—2010 年、2010—2015 年和 2015—2020 年全国生态环境变化遥感评估，从生态系统分布、格局、质量、服务方面分析了生态系统变化特点和演变规律。

1.4.3　生态系统治理修复

我国生态系统治理修复经历了从国土整治和灾害治理到生态退化区域修复，再到系统治理和修复的过程。20 世纪 70 年代以来，我国在生态退化严重地区部署了一系列生态修复工程，如 1979 年的“三北”防护林工程、1997 年开始的黄河上中游水土流失区重点防治工程、2002 年开始的京津风沙源治理工程（高世昌，2018），生态修复的内容和对象以污染水体治理、污染土壤治理、植被恢复、矿山修复为主，以点状化、单要素形式开展。

2015 年，中共中央、国务院印发《生态文明体制改革总体方案》，提出了山水林田湖草整体保护、系统修复理念。2018 年 6 月，《中共中央　国务院关于全面加强生态环境保护　坚决打好污染防治攻坚战的意见》要求，“坚持自然恢复为主，统筹开展全国生态保护与修复，全面划定并严守生态保护红线，提升生态系统质量和稳定性”。2020 年 6 月，国家发展改革委、自然资源部联合印发了《全国重要生态系统保护和修复重大工程总体规划（2021—2035 年）》，在青藏高原生态屏障区、黄河重点生态区（含黄土高原生态屏障）、长江重点生态区（含川滇生态屏障）、东北森林带、北方防沙带、南方丘陵山地带、海岸带等重点区域明确了重大保护修复工程布局。

1.4.4 自然资源价值核算

2002 年，国家统计局首次将自然资源实物量核算表列入国民经济核算体系，并编制了核算方法；2004 年开始，借鉴《综合环境经济核算》，国家环境保护总局、国家统计局初步制定了《中国绿色国民经济核算体系框架》，并发布了中国第一本绿色 GDP 核算研究报告——《中国绿色国民经济核算研究报告 2004》（耿建新，2006）。2020 年以来，生态环境部组织相关单位制定了《经济生态生产总值（GEEP）核算技术指南》《陆地生态系统生产总值（GEP）核算技术指南》。

2014 年，深圳市以盐田区为试点，在国内率先开展城市 GEP 核算，并建立了 GDP 和 GEP 双核算、双运行、双提升工作机制（於方等，2020）。目前，深圳建立了“1+3”GEP 核算制度体系，是全国第一个完整的生态系统生产总值核算制度体系，包括一个统领（GEP 核算实施方案）、一项标准（GEP 核算地方标准）、一套报表（GEP 核算统计报表制度）、一个平台（GEP 自动核算平台）。深圳市城市 GEP 核算体系已作为城市实践案例纳入国家在研核算标准，已与联合国统计署核算标准接轨。2018 年深圳市 GEP 核算系统上线，是全国乃至全球首个针对城市生态系统价值核算的自动化计算平台，为下一步 GEP 核算统计制度建立和核算成果在城市生态管理中应用奠定了基础。

福建省作为全国生态文明试验区也探索开展了生态系统价值核算试点工作，用生态 GDP 指标助力生态文明试验区改革，为高质量发展提供决策工具。目前，武夷山市、厦门市两个试点区域均已形成 GEP 核算报告等阶段性成果。在福建省“武夷山市 GEP 核算信息平台”上，只要输入行政区划、生态系统、指标名称等“变量”，即可显示出当地特定区域内生态资源的“价格”，为闻名天下的武夷山水贴上“价值标签”。

浙江省在 GEP 核算方面也有自己的特色。2017 年 10 月，中共中央、国务院《关于完善主体功能区战略和制度的若干意见》明确，在浙江等 4 个省份开展生态产品价值实现机制试点工作。2019 年 1 月，浙江省丽水市成为全国首个生态产品价值实现机制试点城市。根据中央工作部署，浙江省扎实推进生态产品价值实现机制试点工作，发布了全国首部省级《生态系统生产总值(GEP)核算技术规范　陆域生态系统》，结合省情，将负氧离子、景观价值等科目纳入核算可选项，构建了一套充分反映浙江省自然生态特点的指标体系，为全国“绿水青山”高效转化为“金山银山”提供了浙江方案。

1.5 技术路线

本研究技术路线见图 1-1。

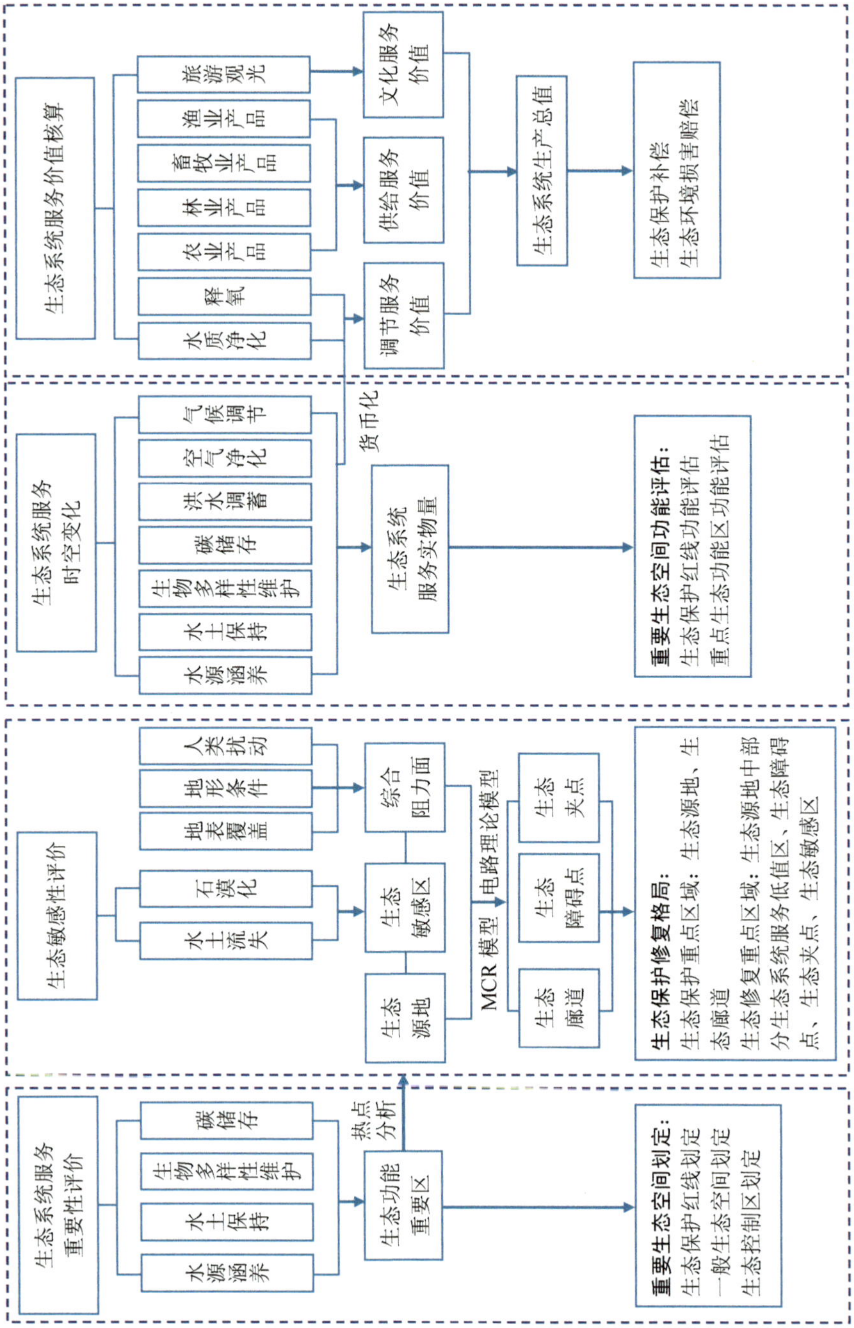
生态系统服务重要性评价
水源涵养
水土保持
生物多样性维护
碳储存
生态功能重要区
热点分析
重要生态空间划定：
生态保护红线划定
一般生态空间划定
生态控制区划定
生态敏感性评价
水土流失
石漠化
地表覆盖
地形条件
人类扰动
生态源地
生态敏感区
综合阻力面
MCR 模型
电路理论模型
生态廊道
生态障碍点
生态夹点
生态保护修复格局：
生态保护重点区域：生态源地、生态廊道
生态修复重点区域：生态源地中部分生态系统服务低值区、生态障碍点、生态夹点、生态敏感区
生态系统服务时空变化
水源涵养
水土保持
生物多样性维护
碳储存
洪水调蓄
空气净化
气候调节
生态系统服务实物量
货币化
重要生态空间功能评估：
生态保护红线功能评估
重点生态功能区功能评估
生态系统服务价值核算
水质净化
释氧
农业产品
林业产品
畜牧业产品
渔业产品
旅游观光
调节服务价值
供给服务价值
文化服务价值
生态系统生产总值
生态保护补偿
生态环境损害赔偿

图 1-1 本研究技术路线

参考文献

Aillery M，Shoemaker R，Caswell M. 2001. Agriculture and ecosystem restoration in South Florida：assessing trade-offs from water-retention development in the Everglades agricultural area[J].American Journal of Agricultural Economics，83：183-195.

Benis E，Belinda R，Mathieu R，et al. 2008. Mapping ecosystem services for planning and management[J]. Agriculture Ecosystems & Environment，127（1）：135-140.

Chisholm R A. 2010. Trade-offs between ecosystem services：water and carbon in a biodiversity hotspot[J].Ecological Economics，69：1973-1987.

Costanza R，Arge R D，Groot R，et al. 1997. The value of the worlds ecosystem services and natural capital[J].Nature，387：253-260.

Daily G C. 1997a. Nature's services：societal dependence on natural ecosystem[M]. Washington DC：Island Press.

Daniel Müller，Haberl H，Bartels L E，et al. 2016. Competition for land-based ecosystem services：trade-offs and synergies[M]. Land Use Competition：Springer International Publishing，127-147.

Deng Xiangzheng，Li Zhihui，John Gibson. 2016. A review on trade-off analysis of ecosystem services for sustainable land-use management[J]. Journal of Geographical Sciences，26（7）：953-968.

Ehrlich P R，Ehrlich A H. 1981. Extinction[M]. New York：Ballantine.

Fu Bojie，Wang Shuai，Su Changhong，et al. 2013. Linking ecosystem processes and ecosystem services [J]. Current Opinion in Environmental Sustainability，5（1）：4-10.

Grasso M. 1998. Ecological-economic model for optimal mangrove trade off between forestry and fishery production：comparing a dynamic optimization and a simulation model[J]. Ecological Modelling，112：131-150.

Gretchen D，John P M，Joshua R，et al. 1997. Nature's Services：societal dependence on natural ecosystems[M]. Washington DC：Island Press.

Holdren J P，Ehrlich P R. 1974 .Human population and the global environment. American Scientist，62：282-292.

Ian A Dickie，Gregor W Yeates，Mark G St. John，et al. 2011. Ecosystem service and biodiversity trade-offs in two woody successions[J]. Journal of Applied Ecology，48（4）：926-934.

Johnson G W，Bagstad K J，Snapp R R，et al. 2012. Service path attribution networks（SPANs） [J]. International Journal of Agricultural and Environmental Information Systems，3（2）：54-71.

Raudsepp-Hearne C，Peterson G D，Bennett E M，et al. 2010. Ecosystem service bundles for analyzing tradeoffs in diverse landscapes[J]. Proceedings of the National Academy of Sciences of the United States of America，107（11）：5242-5247.

M A. 2005. Ecosystems and human well- being：synthesis[M]. Washington，DC：Island Press.

Millennium Ecosystem Assessment. 2005.Ecosystems and human well being：synthesis[M]. Washington DC：Island Press.

TEEB. 2009. The economics of ecosystems and biodiversity for national and international policy makers[Z].

Wu J，Feng Z，Gao Y，et al. 2013. Hotspot and relationship identification in multiple landscape services：a case study on an area with intensive human activities[J]. Ecological Indicators，29（3）：529-537.

蔡邦成，陆根法，宋莉娟，等. 2006. 土地利用变化对昆山生态系统服务价值的影响[J]. 生态学报，26（9）：3005-3010.

曹祺文，卫晓梅，吴健生. 2016. 生态系统服务权衡与协同研究进展[J]. 生态学杂志，35（11）：3102-3111.

陈涛，叶有华，孙芳芳，等. 2018. 基于 SPOT 数据的深圳市生态系统服务功能重要性评价[J]. 生态经济，34（2）：151-157.

陈姗姗. 2016. 南水北调水源区水源涵养与土壤保持生态系统服务功能研究——以商洛市为例[D]. 西安：西北大学.

陈海鹏. 2017. 区域生态系统服务权衡研究——以横断山小江流域为例[D]. 兰州：兰州交通大学.

党虹. 2018. 基于 InVEST 模型的钩秤河流域生态系统服务评价[D]. 兰州：兰州大学.

戴尔阜，王晓莉，朱建佳，等. 2016. 生态系统服务权衡：方法、模型与研究框架[J]. 地理研究，35（6）：1005-1016.

戴尔阜，王亚慧. 2020. 横断山区产水服务空间异质性及归因分析[J]. 地理学报，75（3）：607-619.

高世昌. 2018.国土空间生态修复的理论与方法[J]. 中国土地科学，（12）：40-43.

郭朝琼，徐昔保，舒强. 2020. 生态系统服务供需评估方法研究进展[J]. 生态学杂志，39（6）：2086-2096.

侯鹏，王桥，杨旻，等. 2018. 生态保护红线成效评估框架与指标方法[J]. 地理研究，37（10）：1927-1937.

侯鹏，翟俊，曹巍，等. 2018. 国家重点生态功能区生态状况变化与保护成效评估——以海南岛中部山区国家重点生态功能区为例[J]. 地理学报，73（3）：429-441.

黄从红，杨军，张文娟. 2013. 生态系统服务功能评估模型研究进展[J]. 生态学杂志，32（12）：3360-3367.

黄麟，曹巍，吴丹，等. 2015. 2000—2010 年我国重点生态功能区生态系统变化状况[J]. 应用生态学报，26（9）：2758-2766.

贾芳芳. 2014. 基于 InVEST 模型的赣江流域生态系统服务功能评估[D]. 北京：中国地质大学.

贾有余，李辉，王钊齐，等. 2017. 苏州市吴中区生态保护红线区生态环境质量定量评价[J]. 生态与农村环境学报，33（6）：525-532.

荆田芬. 2016. 基于 InVEST 模型的高原湖泊生态系统服务功能评估研究[D]. 昆明：云南师范大学.

刘璐璐，曹巍，吴丹，等. 2018. 国家重点生态功能区生态系统服务时空格局及其变化特征[J]. 地理科学，38（9）：1508-1515.

刘世梁，董玉红，孙永秀，等. 2019. 基于生态系统服务提升的山水林田湖草优先区分析——以贵州省为例[J]. 生态学报，39（23）：8957-8965.

刘世梁，赵爽，成方妍，等. 2018. 市域尺度两种生态系统服务评价方法对比研究[J]. 中国生态农业学报，26（9）：1315-1323.

刘海，武靖，陈晓玲. 2018. 丹江口水源区生态系统服务时空变化及权衡协同关系[J]. 生态学报，38（13）：4609-4624.

路春燕，王宗明，刘明，等. 2015. 松嫩平原西部湿地自然保护区保护有效性遥感分析[J]. 中国环境科学，35（2）：599-609.

鲁绍伟，李少宁，刘逸菲，等. 2021. 北京市退耕还林生态效益评估[J]. 生态学报，41（15）：6170-6181.

李彪. 2017. 基于 GIS 和 InVEST 模型的南流江流域生态系统服务评估[D]. 桂林：广西师范学院.

李丽，王心源，骆磊，等. 2018. 生态系统服务价值评估方法综述[J]. 生态学杂志，37（4）：1233-1245.

李晶，李红艳，张良. 2016. 关中—天水经济区生态系统服务权衡与协同关系[J]. 生态学报，36（10）：3053-3062.

李敏. 2016. 基于 InVEST 模型的生态系统服务评价研究——以北京延庆为例[D]. 北京：北京林业大学.

李屹峰，罗跃初，刘纲，等. 2013. 土地利用变化对生态系统服务功能的影响——以密云水库流域为例[J]. 生态学报，33（3）：726-736.

李素晓. 2019. 京津冀生态系统服务演变规律与驱动因素研究[D]. 北京：北京林业大学.

李双成，马程，王阳，等. 2014. 生态系统服务地理学[M]. 北京：科学出版社.

廖文婷，邓红兵，李若男，等. 2018. 长江流域生态系统水文调节服务空间特征及影响因素：基于子流域尺度分析[J]. 生态学报，38（2）：412-420.

蒙吉军，王雅，江颂. 2019. 基于生态系统服务的黑河中游退耕还林生态补偿研究[J]. 生态学报，39（15）：5404-5413.

欧阳志云，王如松，赵景柱. 1999. 生态系统服务功能及其生态经济价值评价[J]. 应用生态学报，10（5）：635-640.

欧阳志云，刘康，徐卫华，等. 2002. 西部生态功能区区划的方法与应用研究[J]. 生态安全与生态建设——中国科协 2002 年学术年会论文集，(6)：40-47.
欧阳志云，朱春全，杨广斌，等. 2013. 生态系统生产总值核算：概念、核算方法与案例研究[J]. 生态学报，33 (21)：6747-6761.
彭建，胡晓旭，赵明月，等. 2017. 生态系统服务权衡研究进展：从认知到决策[J]. 地理学报，72 (6)：960-973.
彭建，吕丹娜，董建权，等. 2020. 过程耦合与空间集成：国土空间生态修复的景观生态学认知[J]. 自然资源学报，35 (1)：3-13.
潘韬，吴绍洪，戴尔阜，等. 2013. 基于 InVEST 模型的三江源区生态系统水源供给服务时空变化[J]. 应用生态学报，24 (1)：183-189.
荣月静. 2015. 基于土地利用变化的南京市碳储量与生物多样性功能模拟[D]. 南京：南京信息工程大学.
苏常红，王亚璐. 2018. 汾河上游流域生态系统服务变化及驱动因素[J]. 生态学报，38 (22)：7886-7898.
施发启. 2022. 联合国的生态系统核算国际统计标准简介[J]. 中国统计，(2)：31-32.
王蓓，赵军，胡秀芳. 2016. 基于 InVEST 模型的黑河流域生态系统服务空间格局分析[J]. 生态学杂志，35 (10)：2783-2792.
王军，顿耀龙. 2015. 土地利用变化对生态系统服务的影响研究综述[J]. 长江流域资源与环境，24 (5)：798-807.
王秀明，刘谞承，龙颖贤，等. 2020. 基于改进的 InVEST 模型的韶关市生态系统服务功能时空变化特征及影响因素[J]. 水土保持研究，27 (5)：381-388.
王壮壮，张立伟，李旭谱，等. 2019. 流域生态系统服务热点与冷点时空格局特征[J]. 生态学报，39 (3)：823-834.
吴佩君，刘小平，黎夏，等. 2016. 基于 InVEST 模型和元胞自动机的城市扩张对陆地生态系统碳储量影响评估——以广东省为例[J]. 地理与地理信息科学，32 (5)：22-28.
武文欢，彭建，刘焱序，等. 2017. 鄂尔多斯市生态系统服务权衡与协同分析[J]. 地理科学进展，36 (12)：1571-1581.

肖玉，谢高地，安凯. 2003. 莽措湖流域生态系统服务功能经济价值变化研究[J]. 应用生态学报，14（5）：676- 680.

谢高地，鲁春霞，冷允法，等. 2003. 青藏高原生态资产的价值评估[J]. 自然资源学报，18（2）：189-196.

谢高地，甄霖，鲁春霞，等. 2008. 一个基于专家知识的生态系统服务价值化方法[J]. 自然资源学报，23（5）：911-919.

谢余初，巩杰，齐姗姗，等. 2017. 基于综合指数法的白龙江流域生物多样性空间分异特征研究[J]. 生态学报，37（19）：6448-6456.

徐德琳，邹长新，林乃峰，等. 2020. 生态保护红线保护成效评估指标体系构建[J]. 生态与农村环境学报，36（12）：1562-1568.

杨璐，胡振琪，李新举，等. 2007. 城市矿粮复合区土地利用变化及生态系统服务价值分析[J]. 农业工程学报，（12）：70-75.

杨晓楠，李晶，秦克玉，等. 2015. 关中-天水经济区生态系统服务的权衡关系[J]. 地理学报，70（11）：1762-1772.

叶延琼，章家恩. 2008. 广州市土地利用变化对生态系统服务价值的影响研究[J]. 生态科学，27（2）：119-123.

袁周炎妍，万荣荣. 2019. 生态系统服务评估方法研究进展[J]. 生态科学，38（5）：210-219.

於方，杨威彬，马国霞，等. 2020. 生态价值核算的国内外最新进展与展望[J]. 聚焦，14（4）：18-24.

于德永，潘耀忠，龙中华，等. 2006. 基于遥感技术的云南省生态系统水土保持价值测量[J]. 水土保持学报，20（2）：174-178.

查东平，蔡海生，廖兵，等. 2020. 江西省生态保护红线保护成效评估研究[J]. 江西科学，38（5）：781-787.

张慧. 2016. 基于生态服务功能的南京市生态安全格局研究[D]. 南京：南京师范大学.

张琨，吕一河，傅伯杰. 2016. 生态恢复中生态系统服务的演变：趋势、过程与评估[J]. 生态学报，36（20）：6337-6344.

张媛媛. 2012. 1980—2005 年三江源区水源涵养生态系统服务功能评估分析[D]. 北京：首都师范大学.

张镱锂，胡忠俊，祁威，等. 2015. 基于 NPP 数据和样区对比法的青藏高原自然保护区保护成效分析[J]. 地理学报，70（7）：1027-1040.

郑华，李屹峰，欧阳志云，等. 2013. 生态系统服务功能管理研究进展[J]. 生态学报，33（3）：702-710.

朱立晨，王豪伟. 2018. 闽三角区域生态系统服务重要性评价及其空间分布[J]. 生态学报，38（20）：1-15.

祝萍，黄麟，肖桐，等. 2018. 中国典型自然保护区生境状况时空变化特征[J]. 地理学报，73（1）：92-103.

2

广东省生态系统质量演变趋势

本章在分析区域自然环境、社会经济概况的基础上，评价了广东省土地利用和景观格局变化趋势，并通过单一指标和综合指数评价了区域生态系统质量演变趋势。

2.1 区域概况

2.1.1 自然环境概况

（1）地形地貌

广东地貌类型复杂多样，山地、丘陵、台地和平原面积分别占全省陆域面积的 33.7%、24.9%、14.2%和 21.7%，河流和湖泊等占全省陆域面积的 5.5%。地势总体北高南低，北部多为山地和高丘陵，南部则为平原和台地。全省山脉大多与地质构造的走向一致，以北东—南西走向居多，如斜贯粤西、粤中和粤东北的罗平山脉和粤东的莲花山脉，粤北的山脉则多为向南拱出的弧形山脉，此外粤东和粤西有少量北西—南东走向的山脉。平原以珠江三角洲平原面积最大，潮汕平原次之，此外还有高要、清远、杨村和惠阳等冲积平原。台地以雷州半岛—电白—阳江一带和海丰—潮阳一带分布较多。

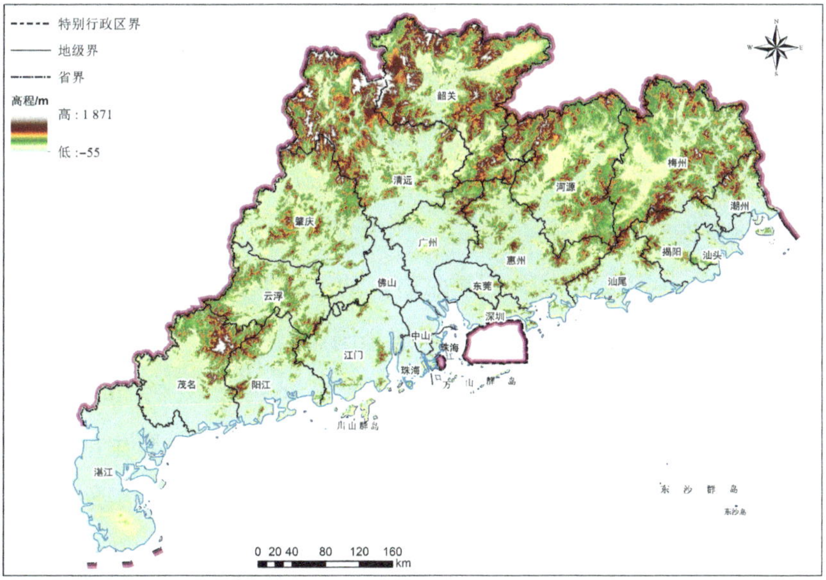

注：本图界线不作为权属争议的依据，下同。

图 2-1 研究区地形及行政区划

（2）气候条件

广东属热带和亚热带季风气候区，气候资源丰富，且雨热同季，降水主要集中在 4—9 月。光照充足，年平均日照时数自北向南为 1 750～2 200 h，太阳能资源丰富。全省年平均气温 21.8℃，最冷 1 月平均气温 13.3℃，最热 7 月平均气温 28.5℃。年平均降水量 1 789.3 mm，最少年降水量 1 314.1 mm，最多年降水量达 2 254.1 mm。冬季受北方干燥的陆风影响，降水较少，光照充足，多晴好天气，12 月平均降水量为 32 mm；夏季受海洋气团影响，从南部吹来的海风带来丰沛的雨水，6 月平均降水量为 313.5 mm。夏季受极端天气影响较重。登陆或严重影响广东的热带气旋年平均为 5.2 个，且集中在夏季，由此引发的雷电、暴雨洪涝灾害使广东每年承受巨大的经济损失。

（3）河流水系

广东降水充沛，水系发达，水资源丰富。以珠江流域（东江、西江、北江和珠江三角洲）及独流入海的韩江流域和粤东沿海、粤西沿海诸河为主，集水面积占全省面积的 99.8%，其余属于长江流域的鄱阳湖和洞庭湖水系。全省流域面积在 100 km^2 以上的各级干支流有 614 条（其中，集水面积在 1 000 km^2 以上的有 60 条）。独流入海河流 93 条，较大的有韩江、榕江、漠阳江、鉴江、九洲江等。其中南海沿岸的珠江三角洲、韩江三角洲土地肥沃，是著名的鱼米之乡。

（4）生物资源

广东光、热、水资源丰富，四季常青，动植物种类繁多。2016 年森林蓄积量为 5.73 亿 m^3，森林覆盖率达 58.98%，居全国第六位。全省共有野生维管束植物 280 科、1 645 属、7 055 种，分别占全国总数的 76.9%、51.7%和 26.0%。拥有银杏、华南五针松、福建柏、水松、篦子三尖杉等国家重点保护野生植物和华南虎、黑鹿、熊猴、林麝等国家重点保护野生动物。植被类型包括属于地带性植被的北热带季雨林、南亚热带季风常绿阔叶林、中亚热带典型常绿阔叶林和沿海的热带红树林，属于非纬度地带性的常绿-落叶阔叶混交林、常绿针-阔叶混交林、常绿针叶林、竹林、灌丛和草坡，以及水稻、甘蔗和茶园等栽培植被。

2.1.2 社会经济概况

（1）经济发展现状

改革开放以来，广东省特别是珠三角地区依托港澳辐射带动的区位优势和率先推进改革开放的政策优势，积极参与全球生产分工，迅速成长为世界制造业基地，经济发展取得举世瞩目的成绩。2020 年，广东实现地区生产总值 11.08 万亿元，同比增长 2.3%，其中深圳、广州、佛山、东莞和惠州 5 个地市 2020 年的生产总值位居全省前五，且深圳 GDP 突破 2.7 万亿元，同比增长 2.8%，跻身亚洲城市前五位，进出口总额突破 1 万亿元；广州 GDP 突破 2.5 万亿元，人均地区生产总值达到高收入经济体水平；云浮成为一匹“黑马”。这座广东经济体量最小的地市，2021 年 GDP 达 1 002.18 亿元，首次超过千亿大关。这得益于云浮依托当地优势，推动实体经济发展。2021 年云浮规模以上工业企业增加值同比增长 3.7%，比全国平均水平高 0.9 个百分点，比全省平均水平高 2.2 个百分点。而 2019 年 GDP 增速位居全省第一的汕尾市，2020 年增速为 4.6%，继续领跑全省。总体而言，GDP 尾部城市整体实现加速跑。阳江增长 4.4%，云浮增长 4.1%，梅州增长 1.5%，潮州增长 1.3%，河源增长 1.3%，全部实现正增长。汕尾、阳江、云浮更是超过 2.3%的全省 GDP 平均增速，实现加速跑。

（2）人口发展现状

随着经济高速发展，大量人口正在加速向沿海经济大省聚集。目前广东省常住人口达 12 601.25 万人，与 2010 年相比，全城常住人口增加 2 170.94 万人，增长 20.81%。其中，珠三角地区人口增长最快，人口增量占全省人口净增量的 59.10%，而粤东、粤西和粤北分别仅增长 5.55 万人、14.88 万人和 6.12 万人，部分城市人口增量只有数千，如河源约增 2 800 人、揭阳约增 3 400 人。从空间分布来看，珠三角地区人口集聚呈现圈层式结构，主要集聚于珠三角核心区，包括广州、深圳、东莞、佛山等市，其中广州、深圳两个超大城市的常住人口增加数量为全省最多，分别达到 1 620 万人和 1 480 万人。从都市圈内部来看，人口主要集聚于都市圈内核心城市的城区，如广佛肇都市圈人口主要集聚于广州主城区和佛山主城区，并呈连接成片的趋势；深圳市人口密度高值区主要为福田区和南山区；东莞市人口密度高值区主要为虎门镇和长安镇，由此反映出人口向大城市城区聚集的趋势仍然十分明显。

（3）产业发展现状

近年来，广东省产业结构不断优化，新旧动能转换加快，已初步形成结构较完整的产业体系。从三次产业结构看，广东的产业结构不断优化调整，全省四大区域均呈现出第二产业占比缓慢下降、第三产业占比较快增长的态势。目前广东除粤东地区第二产业仍占主导外，其他三大区域产业均已调整为“三二一”结构，其中珠三角9市已初步形成以战略性新兴产业为先导、先进制造业和现代服务业为主体的产业结构。

从工业结构看，广东省新旧动能转换加快，深珠惠莞高技术制造业发展迅速。目前广东省先进制造业和高技术制造业占规模以上工业增加值比重分别为56.4%和31.5%，比上年分别提高1.4个和1.2个百分点。分区域看，珠三角地区先进制造业和高技术制造业占其规模以上工业增加值比重分别达59.4%和35.8%，分别高于全省平均水平3.0个和4.3个百分点，比上年分别提高0.8个和0.7个百分点。其中，深圳、珠海、惠州、东莞四地高技术制造业增加值占工业增加值比重分别为67.3%、29.3%、40.4%和38.9%，分别高于全国平均水平53.4个、15.4个、26.5个和25个百分点。

从服务业结构看，区域生产性服务业发展进程较快，深圳生产性服务业优势显著。2020年，广东规模以上服务业发展保持稳中向好的基本态势，全年营业收入比上年增长1.5%。其中珠三角地区规模以上服务业企业户数、营业收入和利润总额分别占广东省的91.7%、96.3%和98.8%，比上年分别提高0.5个、0.3个和0.5个百分点。东翼、西翼和北部生态区规模以上服务业则相对薄弱。

2.1.3 环境状况

根据《广东省生态环境状况公报》，2020 年广东省生态环境状况总体良好。

（1）环境空气质量

2020 年，广东省 20 个地市二氧化硫（SO_2）、二氧化氮（NO_2）、可吸入颗粒物（PM_{10}）、细颗粒物（$PM_{2.5}$）、臭氧（O_3）、一氧化碳（CO）6 项污染物年平均浓度均达到《环境空气质量标准》（GB 3095—2012）二级标准。各城市环境空气质量达标天数比例（AQI 达标率）为 88.0%～98.9%，平均为 95.5%，较 2019 年上升 5.8 个百分点，14 个地市达标天数比例高于 95.5%。

（2）地表水环境质量

全省 21 个地级以上市内 79 个在用集中式饮用水水源地水质达标率为 100%，同比提高 2.5 个百分点。韶关、河源、梅州、惠州、汕尾、中山、江门、肇庆、清远、潮州、云浮 11 市水质全优。全省 82 个县级集中式饮用水水源地水质达标率为 100%，同比持平，县级饮用水水源水质以Ⅱ类为主，水质总体优良。35 个省控水库水质良好（29 个水库为饮用水水源），3 个省控湖泊水质均达到水环境功能区目标。71 个国考地表断面考核评价水质优良率（Ⅰ～Ⅲ类）为 87.3%（62 个），Ⅳ类和Ⅴ类分别占 9.9%（7 个）和 2.8%（2 个），无劣Ⅴ类断面，总体水质状况良好，达到国家考核目标（优良率 84.5%、劣Ⅴ类比例 0%）。168 个省考断面水质优良率（Ⅰ～Ⅲ类）为 86.3%，Ⅳ类、Ⅴ类和劣Ⅴ类分别占 10.1%、2.4%和 1.2%，总体水质状况良好。

（3）生态质量

2019 年全省 EI 为 81.0，生态质量级别为优。全省 21 个地级以上市的生态质量属于优（EI≥75）或良（55≤EI＜75），其中河源、清远、韶关、阳江、梅州、肇庆、惠州、江门、云浮、汕尾、茂名、潮州和揭阳 13 市的生态质量为优，占 61.9%；其余 8 市的生态质量为良，占 38.1%。

2.2 区域土地利用及景观格局变化趋势

2.2.1 土地利用变化

本研究采用广东省 2000 年、2010 年、2020 年三个时期土地现状数据进行土地利用类型变化分析，其中 2000 年、2010 年土地利用分类数据来源于生态环境部卫星环境应用中心，2020 年土地利用分类数据来源于中国科学院资源环境科学数据中心。将研究区划分为耕地、林地、草地、水域、建设用地、未利用地、海洋 7 个一级类，以及旱地、水田、有林地、灌木林、湖泊、城镇用地等 23 个二级类（图 2-2）。

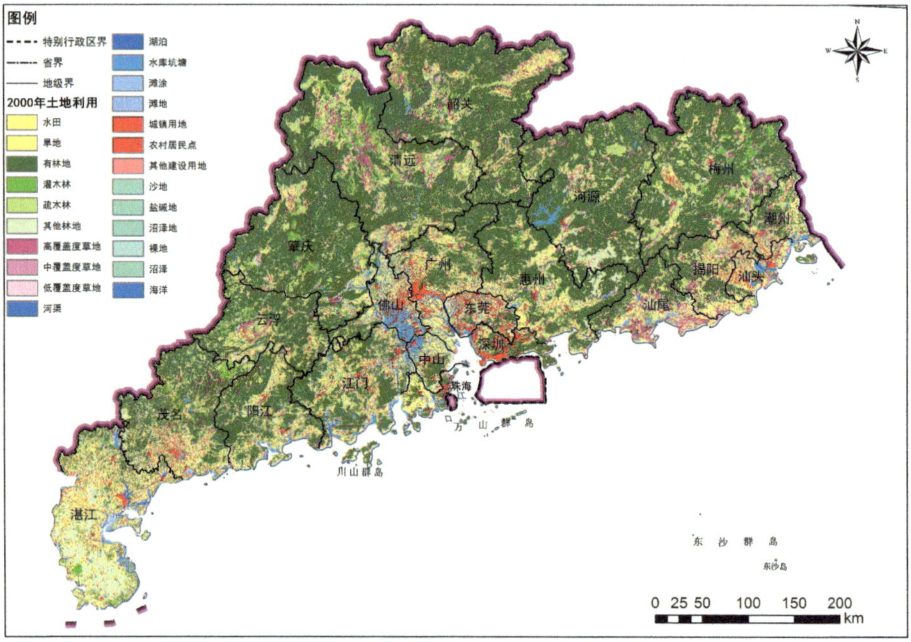

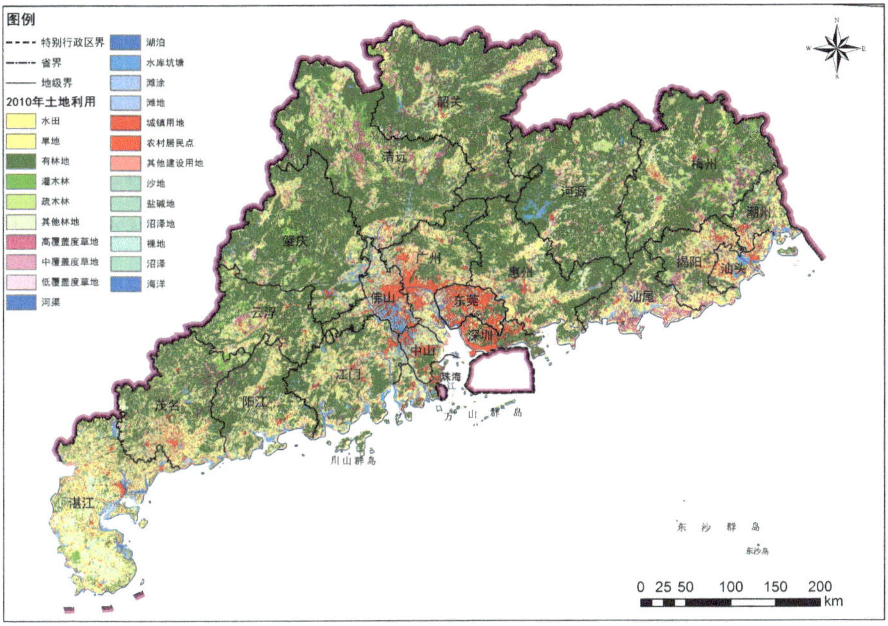

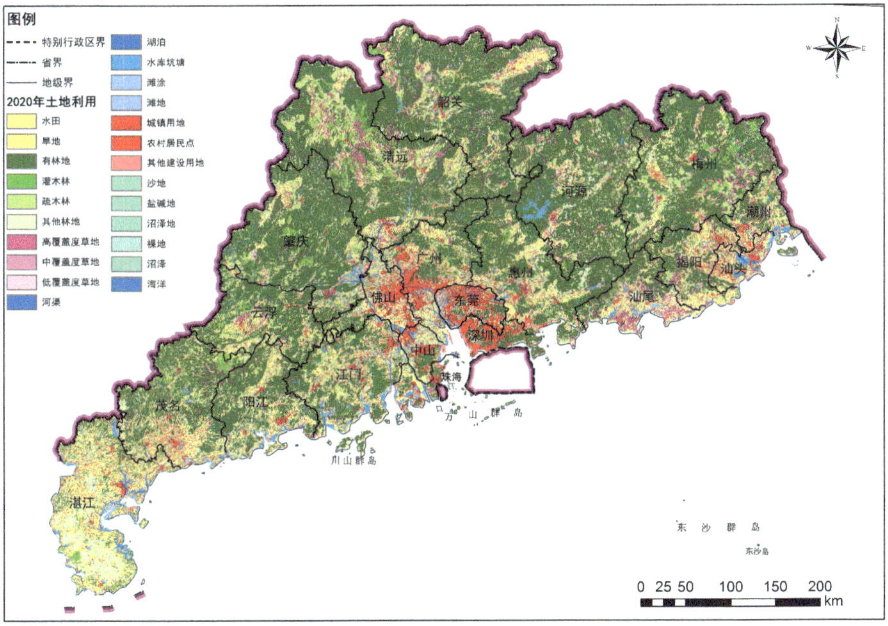

图 2-2 2000 年、2010 年、2020 年土地利用情况

（1）土地利用总体变化特征分析

从2000—2020年土地利用类型整体变化特征来看（图2-2、表2-1），广东省各土地利用类型发生了不同程度的变化，且变化特征不同。2020年广东省耕地、林地、草地、水域、建设用地、未利用地和海洋面积分别为42 385.28 km²、107 579.65 km²、7 868.29 km²、8 065.95 km²、13 721.06 km²、127.71 km²、125.49 km²。从变化来看，2000—2020年其他林地、低覆盖度草地、河渠、湖泊、城镇用地、其他建设用地、海洋面积增加，水田、旱地、有林地等其他土地类型面积减少。从变化程度来看，2000—2020年城镇用地面积增加绝对数量最大，为3 132.37 km²，其他建设用地增加幅度最大，为265.39%；有林地面积减少绝对数量最大，为2 118.52 km²，其他未利用地减少幅度最大，为71.04%。该阶段变化特征说明城镇建设用地在此阶段处于非常重要的地位，且大量的其他未利用地得到开发利用并转化为其他用地。

表2-1 2000—2020年研究区土地利用情况统计

		2000年		2010年		2020年		2000—2020年	
一级类	二级类	面积/km²	占比/%	面积/km²	占比/%	面积/km²	占比/%	变化量/km²	变化率/%
耕地	水田	27 236.94	15.11	25 743.16	14.28	25 344.45	14.09	−1 892.49	−6.95
	旱地	18 456.30	10.24	17 552.48	9.74	17 040.83	9.47	−1 415.47	−7.67
林地	有林地	85 229.08	47.27	83 826.50	46.49	83 110.56	46.21	−2 118.52	−2.49
	灌木林	5 938.45	3.29	5 798.54	3.22	5 752.91	3.20	−185.54	−3.12
	疏林地	11 040.25	6.12	10 588.74	5.87	10 178.42	5.66	−861.83	−7.81
	其他林地	7 008.29	3.89	8 851.86	4.91	8 537.76	4.75	1 529.47	21.82
草地	高覆盖度草地	6 965.24	3.86	6 610.30	3.67	6 884.23	3.83	−81.01	−1.16
	中覆盖度草地	1 046.75	0.58	974.86	0.54	965.55	0.54	−81.20	−7.76
	低覆盖度草地	18.20	0.01	17.34	0.01	18.51	0.01	0.31	1.70

		2000 年		2010 年		2020 年		2000—2020 年	
一级类	二级类	面积/km²	占比/%	面积/km²	占比/%	面积/km²	占比/%	变化量/km²	变化率/%
水域	河渠	2 364.16	1.31	2 331.87	1.29	2 390.90	1.33	26.74	1.13
	湖泊	7.29	0.00	8.26	0.00	8.21	0.00	0.92	12.62
	水库坑塘	4 919.33	2.73	4 836.81	2.68	4 683.81	2.60	−235.52	−4.79
	滩涂	606.41	0.34	534.55	0.30	475.08	0.26	−131.33	−21.66
	滩地	538.52	0.30	548.14	0.30	507.95	0.28	−30.57	−5.68
建设用地	城镇用地	2 647.22	1.47	4 947.01	2.74	5 779.59	3.21	3 132.37	118.33
	农村居民点	5 008.56	2.78	4 941.16	2.74	4 289.43	2.38	−719.13	−14.36
	其他建设用地	999.49	0.55	1 879.79	1.04	3 652.04	2.03	2 652.55	265.39
未利用地	沙地	70.17	0.04	67.35	0.04	57.54	0.03	−12.63	−18.00
	盐碱地	13.87	0.01	13.83	0.01	11.30	0.01	−2.57	−18.53
	沼泽地	8.19	0.00	6.76	0.00	5.76	0.00	−2.43	−29.67
	裸地	66.55	0.04	61.47	0.03	50.77	0.03	−15.78	−23.71
	其他未利用地	8.08	0.00	4.70	0.00	2.34	0.00	−5.74	−71.04
海洋	海洋	105.52	0.06	155.84	0.09	125.49	0.07	19.97	18.93

从 2000—2020 年不同时期土地利用变化特征及空间分布情况来看：①2000—2010 年广东省土地利用变化整体上较为显著，其他林地、湖泊、滩地、城镇用地、其他建设用地、海洋面积增加，水田、旱地、有林地等其他土地类型面积减少。从变化程度来看，2000—2010 年城镇用地面积增加绝对数量最大，为 2 299.79 km^2，其他建设用地增加幅度最大，为 88.07%；水田面积减少绝对数量最大，为 1 493.78 km^2，其他未利用地减少幅度最大，为 41.83%。该阶段变化特征说明研究区处于城镇化发展的中期阶段，大量建设用地用于区域发展，为推动珠三角地区经济社会发展提供了有力保障，但也在一定程度上缩减了水田的面积。②2010—2020 年，广东省土地利用变化仍然以城镇建设开发为主。其中新增的其他建设用地有 1 772.25 km^2，而林地和其他未利用地面积呈逐年减少的趋势。该阶段变化特征说明此阶段研究区处于城镇化迅速扩展阶段，而城镇化发展也带来

诸多问题，包括大量林地、耕地被占用，造成一定程度的土地资源浪费和生态环境破坏。

（2）土地利用转移特征分析

本节分析了 2000—2020 年区域土地利用转移矩阵，分析结果如表 2-2 所示。

表 2-2 研究区 2000—2020 年土地利用转移矩阵 单位：km^2

2020 年	2000 年							
	草地	耕地	海洋	建设用地	林地	水域	未利用地	总计
草地	6 282.30	334.62	0.03	32.17	1 148.69	64.53	5.95	7 868.29
耕地	373.42	37 036.18	1.21	889.89	3 153.70	919.60	11.27	42 385.28
海洋	0.64	1.67	72.01	0.86	1.60	48.37	0.34	125.49
建设用地	229.18	3 727.64	4.26	7 039.73	1 856.98	844.05	19.23	13 721.06
林地	1 066.15	3 592.82	1.20	320.34	102 217.71	373.31	8.12	107 579.65
水域	63.49	980.71	18.67	353.05	507.98	6 128.39	13.66	8 065.95
未利用地	2.35	8.86	0.04	1.36	5.77	3.13	106.20	127.71
总计	8 017.53	45 682.50	97.42	8 637.40	109 139.02	8 375.94	164.77	179 873.43

从表 2-2 中可以看出 2000—2020 年广东省 7 种土地利用类型（一级类）的转入转出情况。2000—2020 年耕地面积总体上不断减少，主要转变为建设用地、林地和水域 3 种地类。建设用地面积总体呈增加趋势，转入面积主要来源自耕地和林地，建设用地扩张占用耕地面积 3 727.64 km^2，占用林地面积 1 733.32 km^2。水域用地转入转出较为分散，耕地转入水域的面积最多。耕地转换为水域的原因是近年来弃耕现象较为严重，同时受政策安排和土地利用覆盖的原始格局影响，部分耕地成了水域。

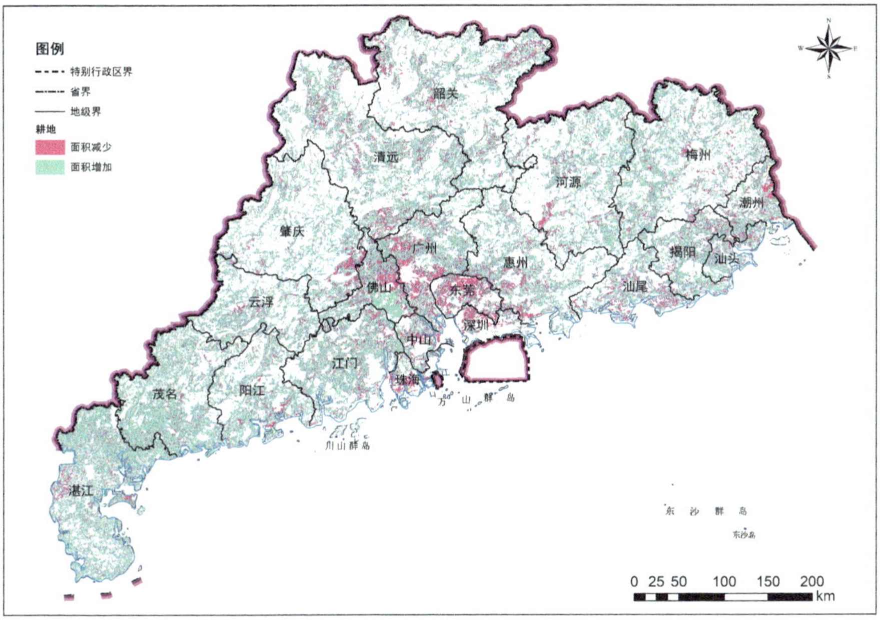
图例
特别行政区界
省界
地级界
耕地
面积减少
面积增加
韶关
清远
梅州
河源
潮州
肇庆
广州
惠州
揭阳
汕头
佛山
东莞
汕尾
云浮
深圳
中山
江门
珠海
茂名
阳江
万山群岛
川山群岛
湛江
东沙群岛
东沙岛
0 25 50 100 150 200
km

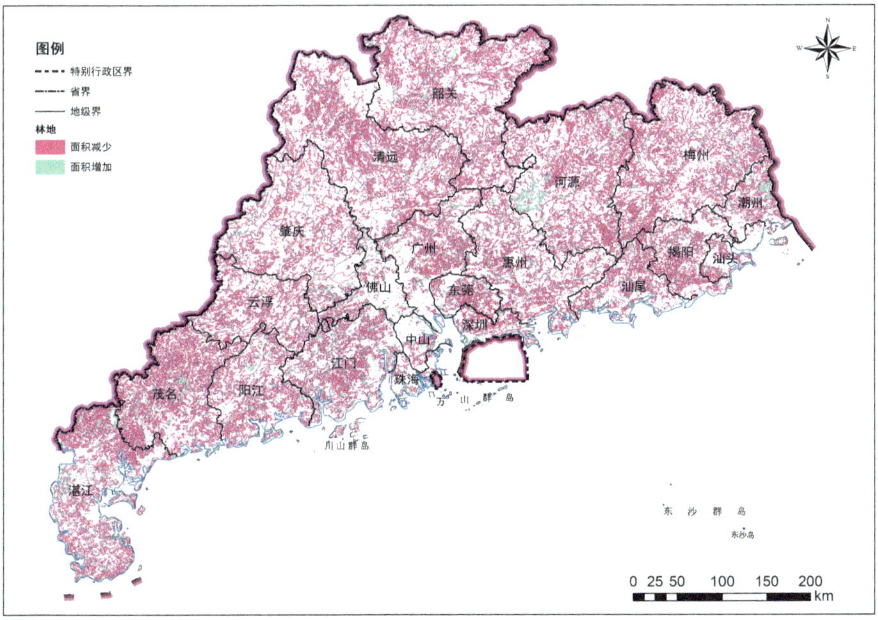
图例
特别行政区界
省界
地级界
林地
面积减少
面积增加
韶关
清远
梅州
河源
潮州
肇庆
广州
惠州
揭阳
汕头
佛山
东莞
汕尾
云浮
深圳
中山
江门
珠海
茂名
阳江
万山群岛
川山群岛
湛江
东沙群岛
东沙岛
0 25 50 100 150 200
km

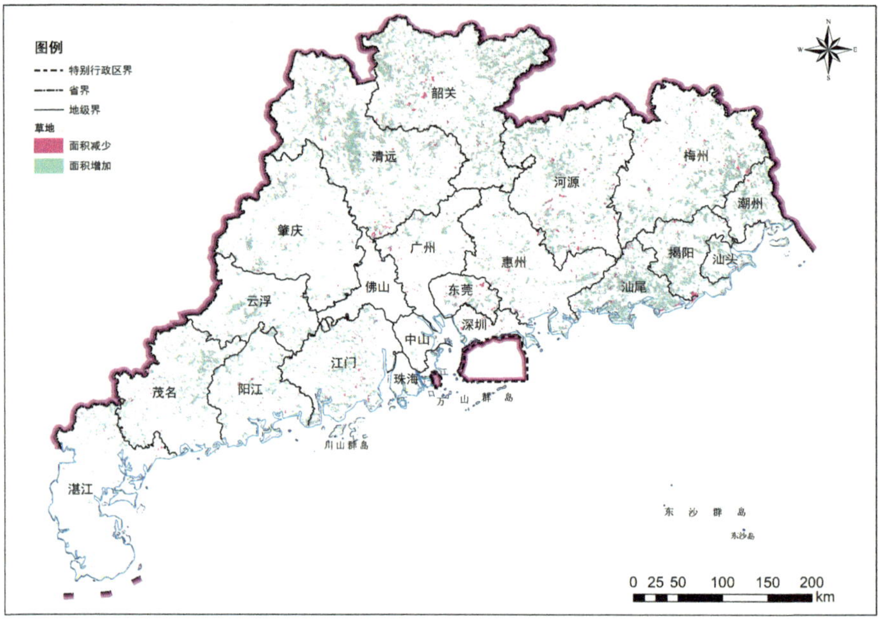
图例
特别行政区界
省界
地级界
草地
面积减少
面积增加
韶关
清远
河源
梅州
潮州
肇庆
广州
惠州
揭阳
汕头
佛山
东莞
汕尾
云浮
深圳
中山
江门
珠海
茂名
阳江
万山群岛
川山群岛
湛江
东沙群岛
东沙岛
0 25 50 100 150 200 km

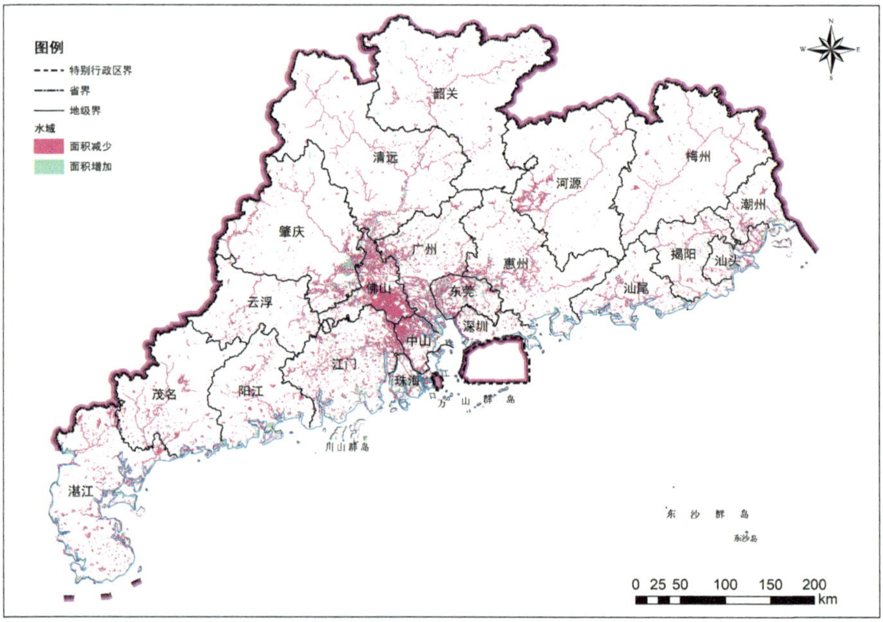
图例
特别行政区界
省界
地级界
水域
面积减少
面积增加
韶关
清远
河源
梅州
潮州
肇庆
广州
惠州
揭阳
汕头
佛山
东莞
汕尾
云浮
深圳
中山
江门
珠海
茂名
阳江
万山群岛
川山群岛
湛江
东沙群岛
东沙岛
0 25 50 100 150 200 km

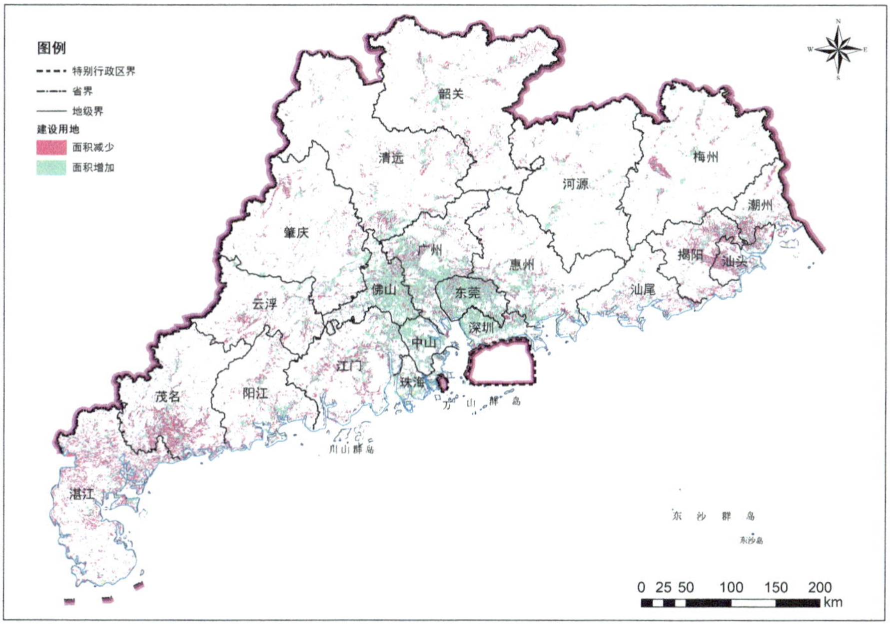
图例
特别行政区界
省界
地级界
建设用地
面积减少
面积增加
韶关
清远
梅州
河源
潮州
肇庆
广州
惠州
揭阳
汕头
佛山
东莞
汕尾
云浮
深圳
中山
江门
珠海
茂名
阳江
万山群岛
川山群岛
湛江
东沙群岛
东沙岛
0 25 50 100 150 200
km

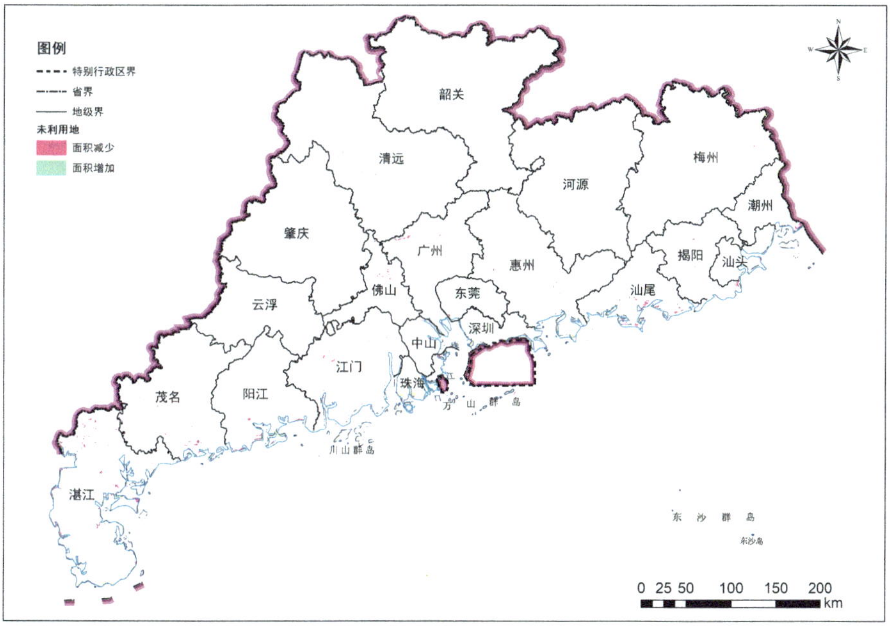
图例
特别行政区界
省界
地级界
未利用地
面积减少
面积增加
韶关
清远
梅州
河源
潮州
肇庆
广州
惠州
揭阳
汕头
佛山
东莞
汕尾
云浮
深圳
中山
江门
珠海
茂名
阳江
万山群岛
川山群岛
湛江
东沙群岛
东沙岛
0 25 50 100 150 200
km

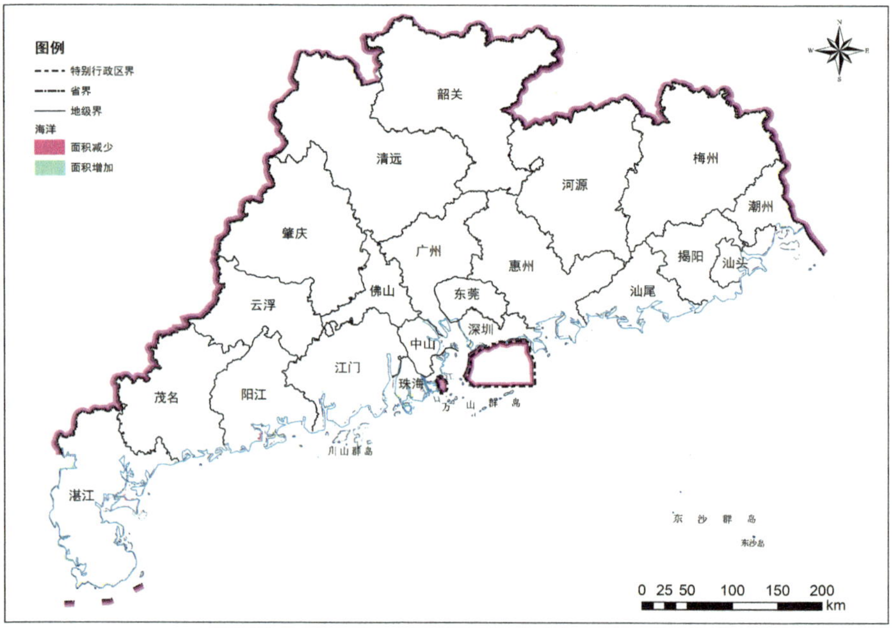

图 2-3　2000—2020 年研究区土地利用变化情况

由图 2-3 可知土地利用转变的空间分布情况。从数量上看，耕地转移为林地、水域、建设用地的比例均相对较高，转入也主要来源于林地、水域及建设用地。从空间分布情况上来看，珠三角地区的广州市、深圳市、佛山市、东莞市转入面积最多；林地转入趋势明显，其转入量主要来源于耕地，空间上大体分布均匀，城区相对较少。草地转入量相对转出量偏小，大部分主要由林地转入，转入主要分布在粤东沿海地区的汕尾市和揭阳市、粤北山区的清远市和韶关市。建设用地转入量明显大于转出量，转入主要分布在珠三角中心城区，其他部分有零星分布，转出主要趋向于耕地、林地。水域转出量明显大于转入量，大部分主要转为耕地和建设用地，转出大部分地区均有分布，但珠三角地区转出较为集中。未利用地转出较分散，主要分布在粤西沿海地区。海洋地类面积变化最为和缓，其主要的转入类型为水域。

2.2.2 景观格局变化

景观格局一般是指大小和形状各异的景观要素在空间上的排列组合，包括景观组成单元的类型、数目及空间分布与配置。景观指数是高度浓缩的景观格局信息，同时也是反映景观结构组成、空间配置特征的简单化指标（苏常红，2012）。

本研究参考相关文献（刘怡娜，2019；董玉红，2015），从斑块类型水平层面选取斑块数（NP）、斑块密度（PD）、平均斑块面积（AREA_MN）、最大斑块指数（LPI）、边缘密度（ED）、面积加权的平均形状指标（SHAPE_AM）、聚集度（AI）、相似邻近百分比（PLADJ）、斑块连通性指数（CONNECT）9 个指数，反映景观中不同斑块类型各自的结构特征；从景观水平层面选取蔓延度指数（CONTAG）、分离度指数（SPLIT）、香农多样性指数（SHDI）、PD、ED、景观形状指数（LSI）、AI 7 个指数，反映景观整体结构特征（表 2-3）。

表 2-3 斑块类型水平下主要景观指数变化情况

指标		斑块数（NP）/个	斑块密度（PD）/（个/km^2）	平均斑块面积（AREA_MN）/km^2	最大斑块指数（LPI）/%	边缘密度（ED）/（km/km^2）	景观形状指数（LSI）	相似邻近百分比（PLADJ）/%	聚集度（AI）	斑块连通性指数（CONNECT）
耕地	2000 年	26 081	0.07	175.20	1.33	8.63	357.88	83.25	83.29	83.25
	2010 年	28 929	0.08	149.66	1.28	8.51	362.87	82.56	82.60	0.01
	2020 年	29 197	0.16	145.77	3.84	16.46	360.55	82.52	82.56	0.01
林地	2000 年	13 999	0.04	780.17	19.94	8.05	219.36	93.36	93.39	93.36
	2010 年	14 582	0.04	747.95	20.32	8.01	218.30	93.39	93.42	0.03
	2020 年	15 162	0.08	711.75	39.09	15.84	221.17	93.27	93.30	0.02
草地	2000 年	11 606	0.03	69.19	0.04	2.04	203.45	77.29	77.37	77.29
	2010 年	12 128	0.03	62.69	0.04	1.98	202.51	76.77	76.86	0.02
	2020 年	12 672	0.07	62.23	0.07	3.98	204.09	77.00	77.09	0.02

指标		斑块数（NP）/个	斑块密度（PD）/（个/km²）	平均斑块面积（AREA_MN）/km²	最大斑块指数（LPI）/%	边缘密度（ED）/（km/km²）	景观形状指数（LSI）	相似邻近百分比（PLADJ）/%	聚集度（AI）	斑块连通性指数（CONNECT）
水域	2000 年	12 507	0.04	67.45	0.77	1.78	176.99	80.73	80.82	80.73
	2010 年	12 566	0.04	65.73	0.73	1.77	177.35	80.48	80.57	0.02
	2020 年	13 097	0.07	61.84	1.26	3.41	176.23	80.42	80.51	0.02
建设用地	2000 年	27 183	0.08	31.84	0.09	2.14	206.78	77.77	77.85	77.77
	2010 年	26 811	0.08	43.89	0.54	2.39	197.70	81.77	81.85	0.01
	2020 年	28 102	0.16	48.98	1.20	5.13	200.11	82.94	83.01	0.01
未利用地	2000 年	365	0.00	45.72	0.00	0.04	31.31	75.70	76.29	75.70
	2010 年	388	0.00	39.72	0.00	0.04	31.73	74.37	74.97	0.41
	2020 年	337	0.00	38.12	0.00	0.07	30.05	73.44	74.10	0.33
海洋	2000 年	45	0.00	234.49	0.01	0.01	12.73	87.58	88.44	87.58
	2010 年	84	0.00	185.52	0.01	0.01	16.87	86.47	87.17	1.95
	2020 年	76	0.00	167.01	0.01	0.02	15.26	86.41	87.19	2.04

（1）斑块类型水平下景观指数

1）斑块数及密度（NP、PD）

2000—2020 年，各用地类型比较，建设用地、耕地 NP 最高，说明破碎化最为严重，主要原因一方面是研究区地形特点决定了耕地散落分布在以林地为主的景观基质中，另一方面是城镇化建设占用耕地，加剧了耕地景观割裂的程度；建设用地破碎化分布则说明研究区开发建设活动在多个地区开展。说明研究区整体以林地为景观基质，连续性较好。2000—2020 年，耕地、建设用地破碎化程度日益增加，林地、草地、水域也呈破碎化程度增加的趋势。

2）斑块面积指数（LPI、AREA_MN）

比较 LPI，2000—2020 年，林地 LPI 明显大于其他景观类型，说明林地是优势斑块。2000 年、2010 年、2020 年三个时期建设用地、草地 LPI 较低，其中建设用地 LPI 呈逐年增加的趋势，说明建设用地呈连片发展，对整个景观的控制作用逐渐增强。林地 AREA_MN 最大，达到 700 km^2 以上，说明林地集中连片，斑块面积大。随着时间的推移，林地、耕地、草地、水域平均斑块面积均呈下降趋势，说明以上地类破碎化程度日益加剧。建设用地平均斑块面积呈上升趋势，说明以上地类景观呈集中连片开发，平均斑块面积增大。

3）景观形状指数（LSI）

各景观类型中，耕地 LSI 明显高于其他景观类型，说明其形状最不规则；2000—2020 年，耕地、林地 LSI 呈整体上升趋势，建设用地 LSI 则呈下降趋势，说明耕地、林地形状不规则程度增加，建设用地形状日趋规则化。

4）边缘密度（ED）

各景观类型中，林地、耕地的 ED 较大，反映出人类活动对这两种景观类型斑块的切割程度最高，斑块形状也最为复杂。从时间上来看，2000—2020 年耕地、林地、建设用地景观类型的 ED 值均呈上升趋势，反映出耕地、林地、建设用地景观被边界分割得越来越严重。

5）斑块聚散性指数（PLADJ、AI）

各景观类型中，林地 PLADJ、AI 相对较高，说明林地景观聚集性好，集中连片分布，由少数团聚的大斑块组成且散布程度最小。2000—2020 年耕地、林地、草地、水域景观 PLADJ、AI 整体保持稳定并呈小幅下降趋势，说明以上景观类型的斑块面积趋小，被占用转为其他景观类型，斑块被切割，聚集性减弱，连片程度降低；建设用地 PLADJ、AI 呈上升趋势，说明建设用地的聚集性变好，向集中连片分布发展。

6）斑块连通性指数（CONNECT）

林地 CONNECT 明显高于其他用地类型，说明林地连通性较好；未利用地、建设用地 CONNECT 最低。随着时间的推移，耕地、林地、草地景观类型 CONNECT 均呈明显下降趋势，建设用地、水域 CONNECT 则呈整体稳定趋势。

（2）景观水平下景观指数

1）斑块密度和形状

2000—2020 年，区域斑块密度、边缘密度、景观形状指数明显增长，尤其是 2010—2020 年增长幅度大，说明区域景观破碎化趋势加快、斑块切割程度增大，斑块形状不规则程度增大。

2）景观聚散性分析（AI、CONTAG、SPLIT）

区域景观 AI 呈下降趋势，说明景观聚集程度下降。景观 CONTAG 呈下降趋势，说明区域优势景观即林地呈破碎化趋势。SPLIT 呈上升趋势，说明区域各景观类型的分散程度和复杂程度上升。

3）景观多样性分析（SHDI）

2000—2010 年，SHDI 呈上升趋势，表明区域各类景观的数量、面积、类型呈多样化，结构组成相对复杂（表 2-4）。

表 2-4　景观水平下主要景观指数变化情况

指标	斑块密度（PD）/（个/km²）	边缘密度（ED）/（km/km²）	景观形状指数（LSI）	聚集度（AI）	蔓延度指数（CONTAG）	分离度指数（SPLIT）	香农多样性指数（SHDI）
2000 年	0.26	11.35	174.15	94.27	64.60	5.53	1.25
2010 年	0.27	11.36	174.31	94.26	64.31	5.49	1.26
2020 年	0.55	22.45	244.17	88.68	59.44	6.08	1.13

2.3　生态质量重要指标演变趋势

2.3.1　植被生产力

总初级生产力指在单位时间和单位面积上，绿色植物通过光合作用所固定的有机碳总量，主要表征植被光合作用强弱。本研究采用的遥感数据来自美国航天局（NASA）MODIS17 数据，分别为广东省 2000 年、2005 年、2010 年、2015 年以及 2018 年 5 个年度的 GPP（生态系统总初级生产力）遥感影像数据。该数据空间分辨率为 500 m，时间分辨率为 8 d，统一坐标和投影系统后，采用加权求和法合成年度植被总初级生产力数据。为便于分析，按照几何间距将植被总初级生产力（GDP，以 C 计）分为 6 个等级，分别为 1 级［0＜GPP≤100 g/（m^2·a）］、2 级［100 g/（m^2·a）＜GPP≤150 g/（m^2·a）］、3 级［150 g/（m^2·a）＜GPP≤200 g/（m^2·a）］、4 级［200 g/（m^2·a）＜GPP≤250 g/（m^2·a）］、5 级［250 g/（m^2·a）＜GPP≤300 g/（m^2·a）］、6 级［300 g/（m^2·a）＜GPP≤400 g/（m^2·a）］。

利用地理信息系统软件 ArcGIS 10.5 对广东省年度植被初级生产力按照上述标准进行分类，得到 2000—2018 年的 5 期植被总初级生产力分布图（图 2-4）。从数量变化上看，植被初级生产力 1 级的区域面积稳定维持在总面积的 10%左右，主要分布于珠三角及沿海城市，该区域森林资源相对较少，主要以城镇用地和耕地为主。植被初级生产力 2 级的区域面积最少，占比均低于 8%。植被初级生产力 3 级和 4 级的面积呈逐年下降趋势，而 5 级和 6 级的面积随时间推移呈逐渐上升趋势，这说明研究区植被生态质量明显提高，城市绿化建设成效显著。从空间分布上看，广东省 GPP 具有明显的地貌分异特点，即从平原城市地区到平原农耕地区，再到西北部和北部的山区，GPP 值逐渐增大，并在空间范围上形成一系列的高值区和低值区。总体上粤北地区 GPP 值最高，其次是粤西和粤东地区，珠三角地区最低，其中粤北地区多以山地丘陵为主，植被覆盖度高达 95%以上，其 2000 年平均 GPP 值在所有区域中最高，虽然其 2010 年平均 GPP 值低于粤东地区，但由于该区人口干扰强度不大，自然植被保存较好，年度 GPP 值仍然较高；粤西地区的雷州半岛 GPP 值随时间推移变化最为显著，主要是由于该区域是广东省重要的农耕区，近年来受农耕活动中灌溉、施肥和田间管理等活动的影响，拥有较高的耕地 GPP；粤东地区山地分布范围较广，莲花山脉植被覆盖度高且植被生长状况较好，具有较高的 GPP 值；珠三角地区由于常年受人类活动的影响较大，植被覆盖度在 50%以下，年均植被 GPP 值较低。

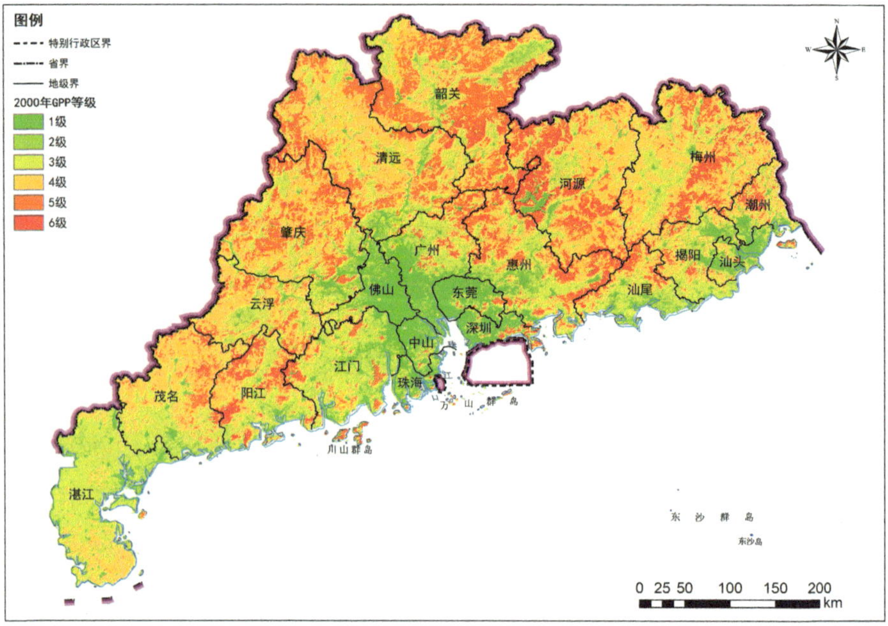
图例
特别行政区界
省界
地级界
2000年GPP等级
1级
2级
3级
4级
5级
6级
韶关
清远
河源
梅州
潮州
肇庆
广州
惠州
揭阳
汕头
佛山
东莞
汕尾
云浮
深圳
中山
江门
珠海
茂名
阳江
万山群岛
川山群岛
湛江
东沙群岛
东沙岛
0 25 50 100 150 200
km

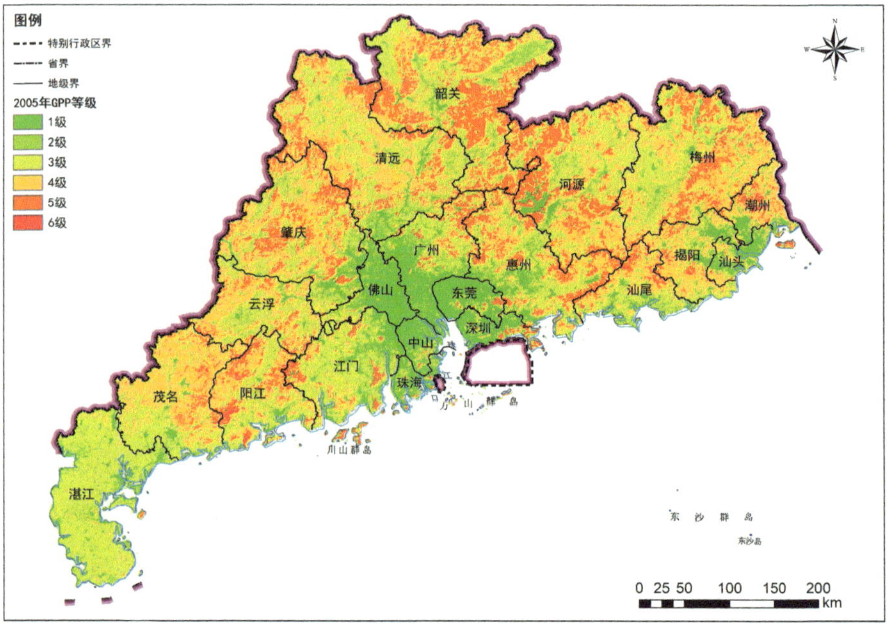
图例
特别行政区界
省界
地级界
2005年GPP等级
1级
2级
3级
4级
5级
6级
韶关
清远
河源
梅州
潮州
肇庆
广州
惠州
揭阳
汕头
佛山
东莞
汕尾
云浮
深圳
中山
江门
珠海
茂名
阳江
万山群岛
川山群岛
湛江
东沙群岛
东沙岛
0 25 50 100 150 200
km

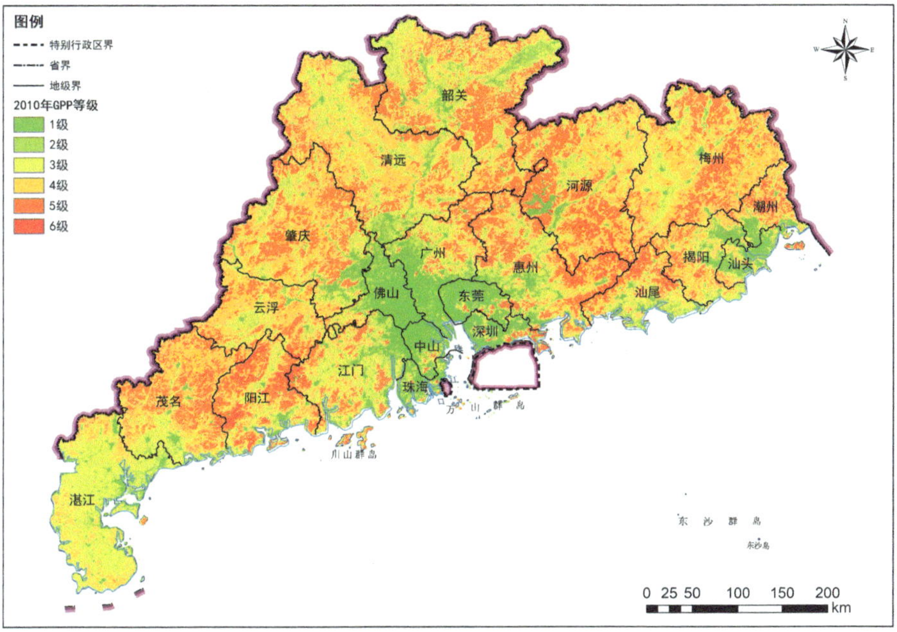
图例
特别行政区界
省界
地级界
2010年GPP等级
1级
2级
3级
4级
5级
6级
韶关
清远
梅州
河源
潮州
肇庆
广州
惠州
揭阳
汕头
佛山
东莞
汕尾
云浮
深圳
中山
江门
珠海
茂名
阳江
万山群岛
川山群岛
湛江
东沙群岛
东沙岛
0 25 50 100 150 200
km

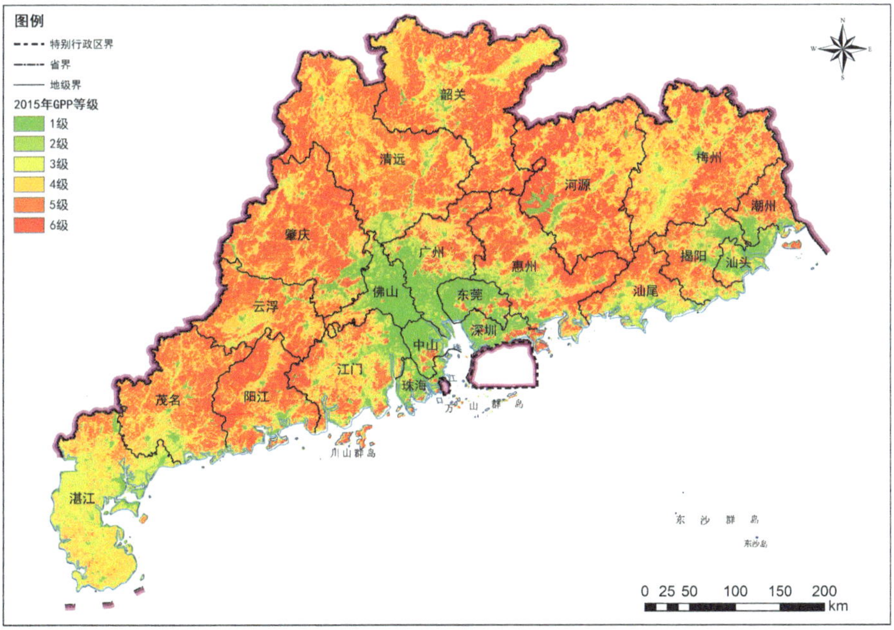
图例
特别行政区界
省界
地级界
2015年GPP等级
1级
2级
3级
4级
5级
6级
韶关
清远
梅州
河源
潮州
肇庆
广州
惠州
揭阳
汕头
佛山
东莞
汕尾
云浮
深圳
中山
江门
珠海
茂名
阳江
万山群岛
川山群岛
湛江
东沙群岛
东沙岛
0 25 50 100 150 200
km

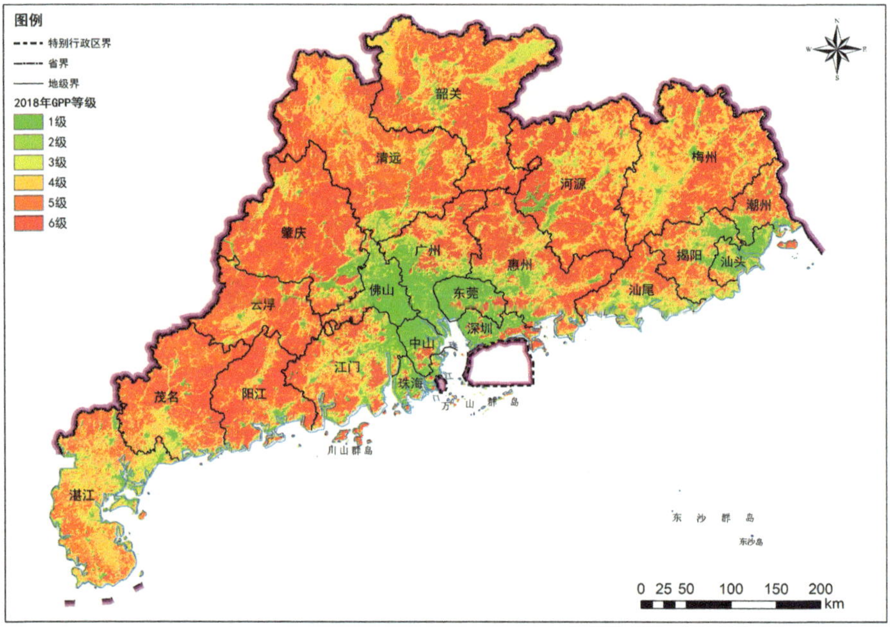

图 2-4 2000—2018 年不同时期植被总初级生产力分布

2.3.2 植被覆盖度

植被覆盖度（FVC）指植被（包括叶、茎、枝）在地面的垂直投影面积占统计区总面积的百分比。本研究采用的遥感数据来自北京师范大学 GLASS 产品数据植被覆盖度 FVC_modis 数据集，分别为广东省 2000 年、2005 年、2010 年、2015 年以及 2018 年 5 期遥感影像数据。该数据空间分辨率为 500 m，时间分辨率为 8 d，统一坐标和投影系统后，通过最大值合成法形成年度植被覆盖度栅格图层。为便于分析，按照等间距将植被覆盖度分为 5 个等级，分别为低覆盖度（0<植被覆盖度≤20%）；较低覆盖度（20%<植被覆盖度≤40%）；中覆盖度（40%<植被覆盖度≤60%）；较高覆盖度（60%<植被覆盖度≤80%）；高覆盖度（80%<植被覆盖度≤100%）。

（1）植被覆盖度时间变化分析

利用地理信息系统软件 ArcGIS 10.5 对广东省的植被覆盖度按照上述标准进

行分类，得到2000—2018年5期植被覆盖度分布图（图2-5），分别对每期数据进行统计，得到广东省2000—2018年植被覆盖度等级面积统计表（表2-5）。2000年、2005年、2010年、2015年和2018年研究区的平均植被覆盖度分别为0.741 3、0.772 5、0.745 1、0.765 8和0.753 1，整体植被覆盖情况较好，并且随时间推移呈波动上升趋势，表明广东省整体的植被覆盖情况越来越好。

表2-5 2000—2018年广东省植被覆盖度等级面积统计

年份	指标	低覆盖度	较低覆盖度	中覆盖度	较高覆盖度	高覆盖度
2000	面积/km²	5747	5 794.25	17 224.25	89 030.25	91 297.25
	占比/%	2.75	2.77	8.24	42.58	43.66
2005	面积/km²	5643	5 765.25	10 965.25	67 780.25	118 939.25
	占比/%	2.7	2.76	5.24	32.42	56.88
2010	面积/km²	6 161.25	8141	14 453.75	82 119.75	98 217.25
	占比/%	2.95	3.89	6.91	39.27	46.97
2015	面积/km²	5 230.75	7 156.25	14 552.50	67 590.75	114 562.75
	占比/%	2.50	3.42	6.96	32.33	54.79
2018	面积/km²	7 941.75	8 000.75	13 394.25	69 952.75	109 803.50
	占比/%	3.80	3.83	6.41	33.46	52.51

由表2-5可知，广东省的植被覆盖度等级以较高覆盖度和高覆盖度为主，且两个等级的分布情况较为均匀。低覆盖度的面积在5个研究时期中所占比重最少，比重呈上升的趋势；5期较低覆盖度的面积所占比重较低覆盖度要高一些，分别为2.77%、2.76%、3.89%、3.42%和3.83%，其所占面积呈波动上升趋势；中覆盖度的面积在各个时期所占的比重为中等，随时间的变化程度较小；5期较高覆盖度的面积分别为89 030.25 km²、67 780.25 km²、82 119.75 km²、67 590.75 km²、69 952.75 km²，其中在2000—2005年的下降速度最快，达23.87%，而在2005—2010年以及2015—2018年均出现回升走势；5期高覆盖度的面积分别为91 297.25 km²、118 939.25 km²、98 217.25 km²、114 562.75 km²、109 803.50 km²，占研究区域面积比重较大，呈波动上升趋势，到2018年高覆盖度区域比2000年

增加了 18 506.25 km^2，增速为 20.27%，说明广东省的总体植被覆盖度水平处于逐渐增加的状态，也表明研究区内护林养林工作取得成效。

（2）植被覆盖度空间变化分析

从图 2-5 可以明显看出，广东植被覆盖度整体呈由北向南逐渐降低的带状分布格局，这与广东北高南低的地势特征存在密切关系。2000—2018 年研究区内较高覆盖度、高覆盖度区域逐渐向北部、东部方向转移，其中高覆盖度区域主要分布在经济较为落后、森林资源丰富的粤东北部的韶关、河源、梅州一带；中覆盖度区域向中部的肇庆、清远、惠州、云浮扩散；低覆盖度区域主要分布在珠三角地区，从图中可侧面反映出随着经济水平和城市化水平的不断提高，城市建设面积的不断扩张持续占用了较多的植被资源，导致低覆盖度区域呈不断向外扩张的趋势。较低覆盖度区域则广泛分布于研究区，用地类型以耕地和草地为主。

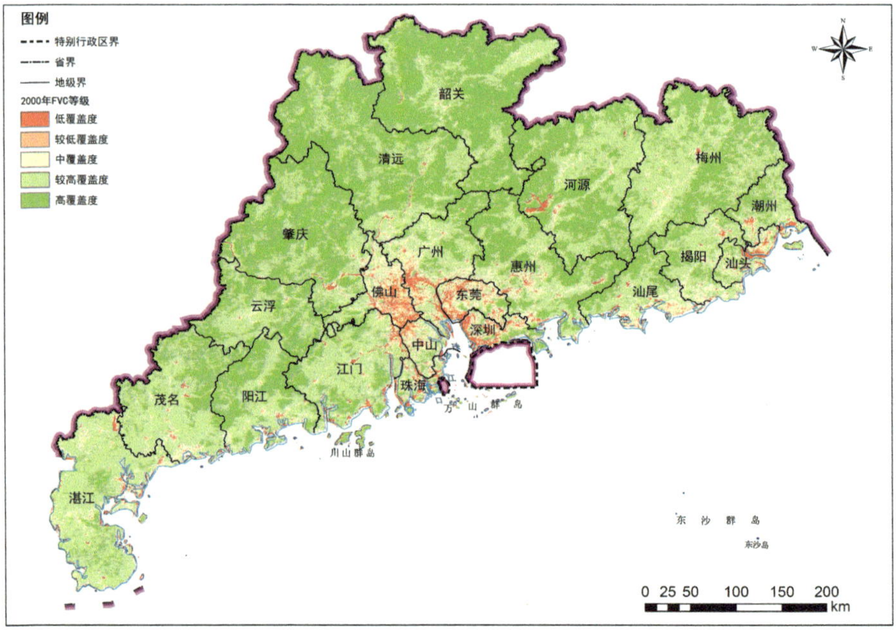

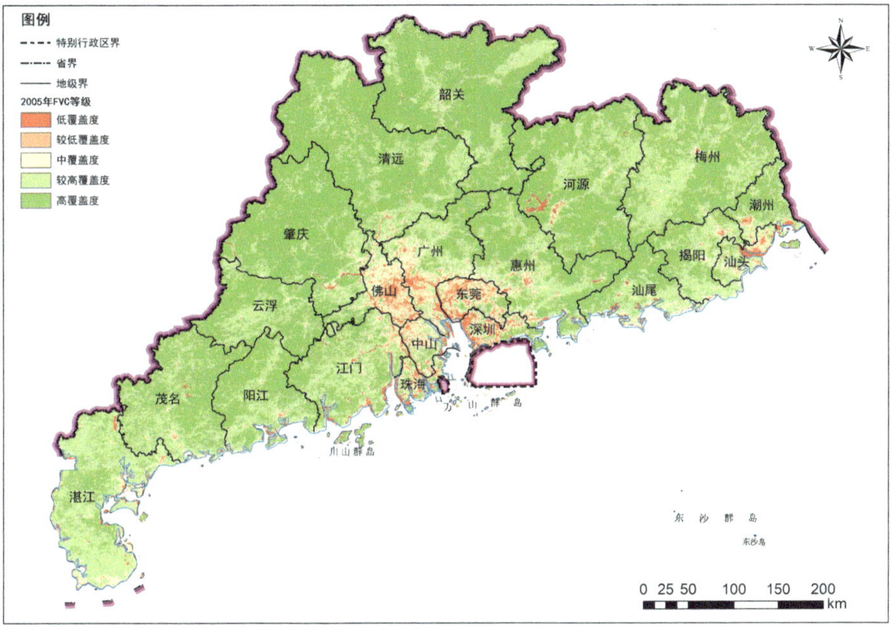
图例
特别行政区界
省界
地级界
2005年FVC等级
低覆盖度
较低覆盖度
中覆盖度
较高覆盖度
高覆盖度
韶关
清远
河源
梅州
潮州
肇庆
广州
惠州
揭阳
汕头
佛山
东莞
汕尾
云浮
深圳
中山
江门
珠海
万山群岛
茂名
阳江
川山群岛
湛江
东沙群岛
东沙岛
0 25 50 100 150 200
km

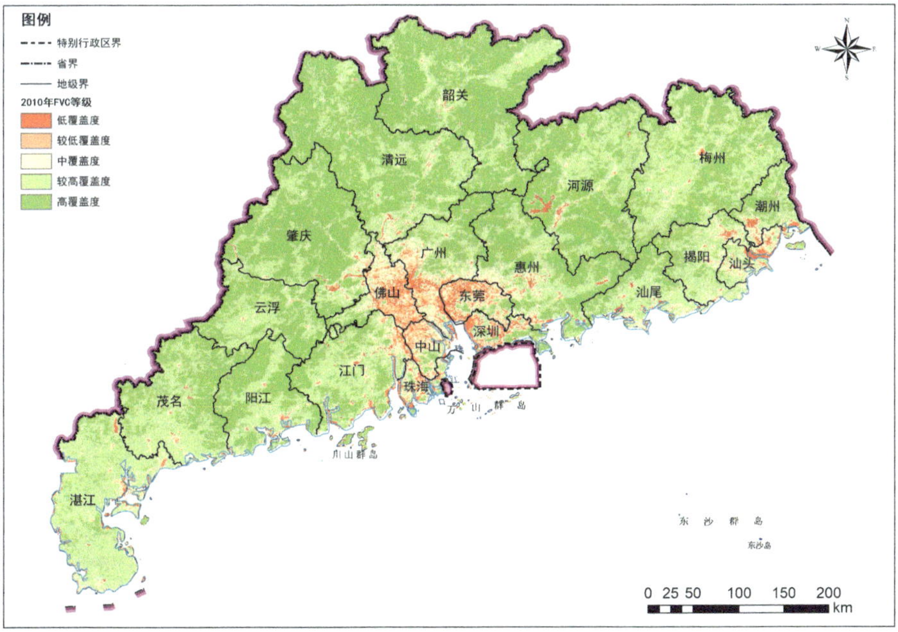
图例
特别行政区界
省界
地级界
2010年FVC等级
低覆盖度
较低覆盖度
中覆盖度
较高覆盖度
高覆盖度
韶关
清远
河源
梅州
潮州
肇庆
广州
惠州
揭阳
汕头
佛山
东莞
汕尾
云浮
深圳
中山
江门
珠海
万山群岛
茂名
阳江
川山群岛
湛江
东沙群岛
东沙岛
0 25 50 100 150 200
km

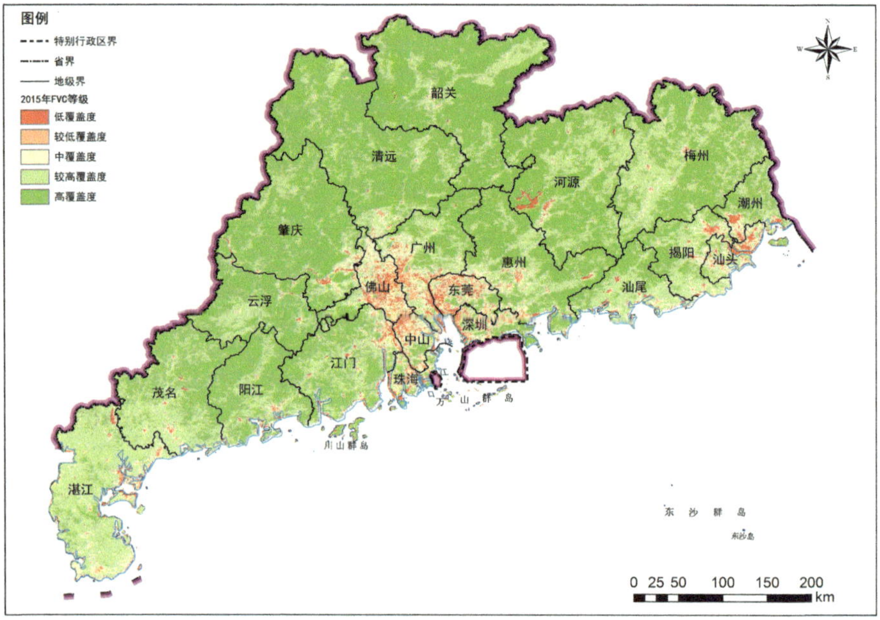

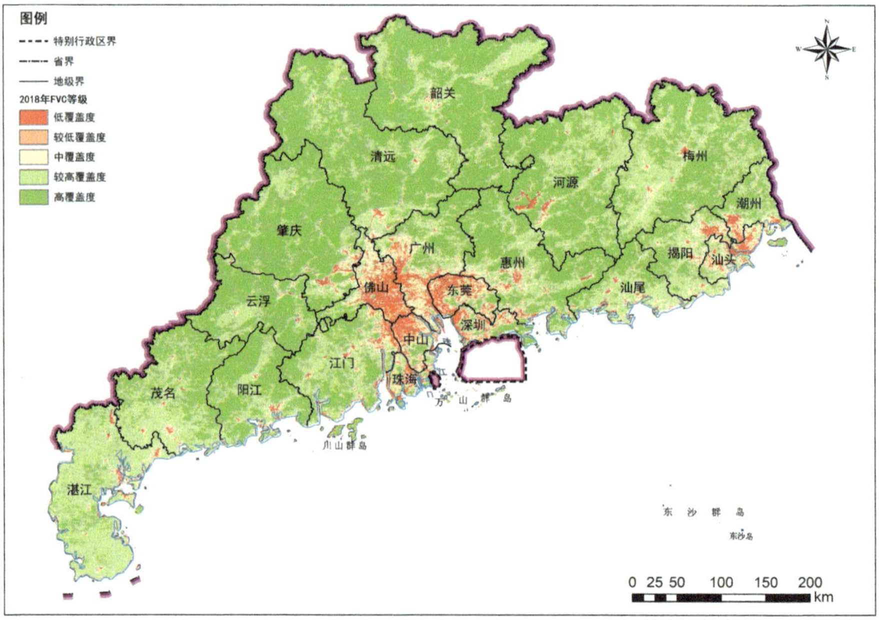

图 2-5　2000—2018 年不同时期植被覆盖度分布

2.3.3 叶面积指数

叶面积指数（LAI）是指单位面积绿色叶片的单面面积总和，主要表征植被垂直结构复杂程度。本研究采用的遥感数据来自北京师范大学 GLASS 产品数据叶面积指数 LAI_modis 数据集，分别为广东省 2000 年、2005 年、2010 年、2015 年以及 2018 年 5 期遥感影像数据。该数据空间分辨率为 1 km，时间分别率为 8 d，统一坐标和投影系统后，通过最大值合成法形成年度叶面积指数栅格图层。为便于分析，按照几何间距将叶面积指数分为 6 个等级，分别为 1 级（0<叶面积指数≤1）、2 级（1<叶面积指数≤2）、3 级（2<叶面积指数≤3）、4 级（3<叶面积指数≤4）、5 级（4<叶面积指数≤5）、6 级（5<叶面积指数≤10）。

（1）叶面积指数时间变化分析

利用地理信息系统软件 ArcGIS 10.5 对广东省的叶面积指数按照上述标准进行分类，得到 2000—2018 年的 5 期叶面积指数分布图（图 2-6），分别对每期数据进行统计，得到广东省 2000—2018 年叶面积指数等级面积统计表（表 2-6）。2000 年、2005 年、2010 年、2015 年和 2018 年研究区的平均叶面积指数分别为 3.224 5、3.543 6、3.446 0、3.544 0、3.344 2，说明广东省植被生长状况整体较好，并且随时间推移呈波动提升趋势。

表 2-6　2000—2018 年广东省叶面积指数等级面积统计

年份	指标	叶面积指数等级					
		1	2	3	4	5	6
2000	面积/km^2	10 888	21 947	62 186	41 280	66 108	3 252
	占比/%	5.29	10.67	30.24	20.07	32.14	1.58
2005	面积/km^2	11 224	19 278	44 015	34 736	82 270	15 042
	占比/%	5.46	9.37	21.40	16.89	40.00	7.31
2010	面积/km^2	11 481	16 639	48 500	46 564	78 044	8 023
	占比/%	5.58	8.09	23.58	22.64	37.95	3.90

年份	指标	叶面积指数等级					
		1	2	3	4	5	6
2015	面积/km^2	11 220	19 275	44 002	34 743	82 271	15 054
	占比/%	5.46	9.37	21.40	16.89	40.00	7.32
2018	面积/km^2	14 677	15 930	45 083	42 125	66 223	22 527
	占比/%	7.11	7.75	21.92	20.48	32.20	10.95

由表 2-6 可知，广东省的植被叶面积指数主要为 4 级和 5 级，两者区域面积占研究区总面积的 50%以上。叶面积指数 1 级的区域在 5 个研究时期中所占面积最少，比重呈上升趋势；5 期叶面积指数 2 级的面积所占比重较 1 级要高一些，分别为 10.67%、9.37%、8.09%、9.37%和 7.75%，其所占面积呈波动下降趋势；叶面积指数 6 级的面积在各个时期所占的比重为中等，整体呈稳步上升趋势。

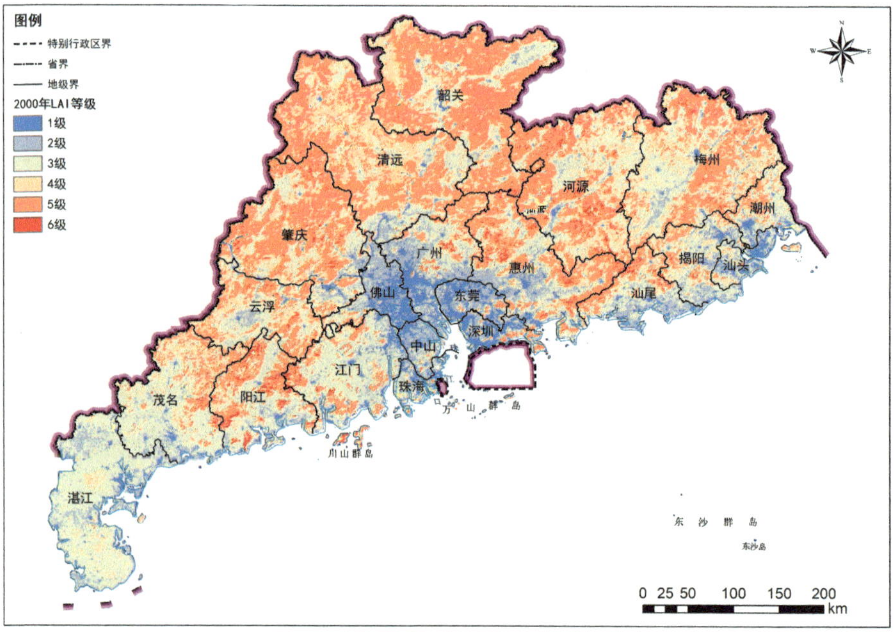

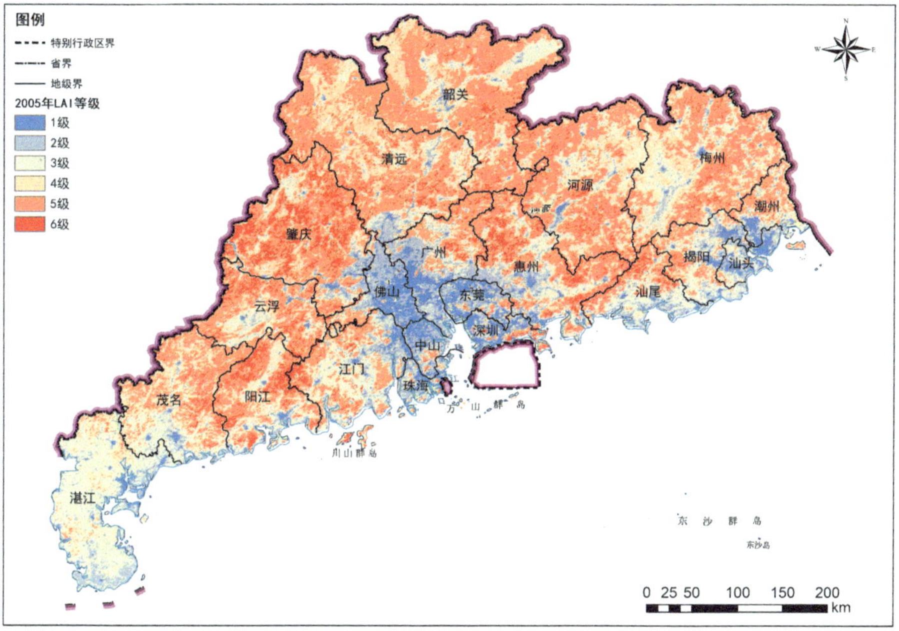
图例
特别行政区界
省界
地级界
2005年LAI等级
1级
2级
3级
4级
5级
6级
韶关
清远
梅州
河源
潮州
肇庆
广州
揭阳
汕头
惠州
佛山
东莞
汕尾
云浮
深圳
中山
江门
珠海
茂名
阳江
万山群岛
川山群岛
湛江
东沙群岛
东沙岛
0 25 50 100 150 200
km

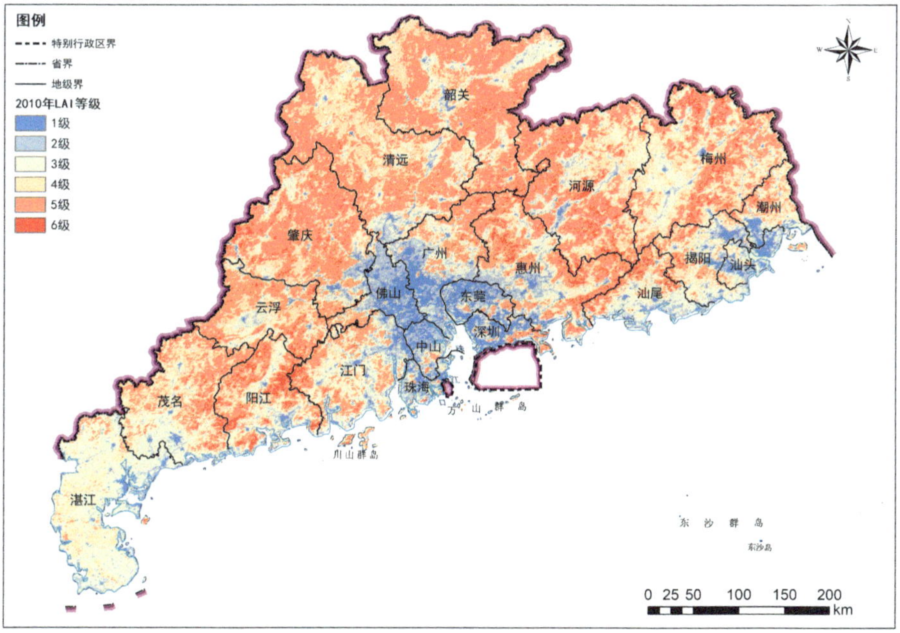
图例
特别行政区界
省界
地级界
2010年LAI等级
1级
2级
3级
4级
5级
6级
韶关
清远
梅州
河源
潮州
肇庆
广州
揭阳
汕头
惠州
佛山
东莞
汕尾
云浮
深圳
中山
江门
珠海
茂名
阳江
万山群岛
川山群岛
湛江
东沙群岛
东沙岛
0 25 50 100 150 200
km

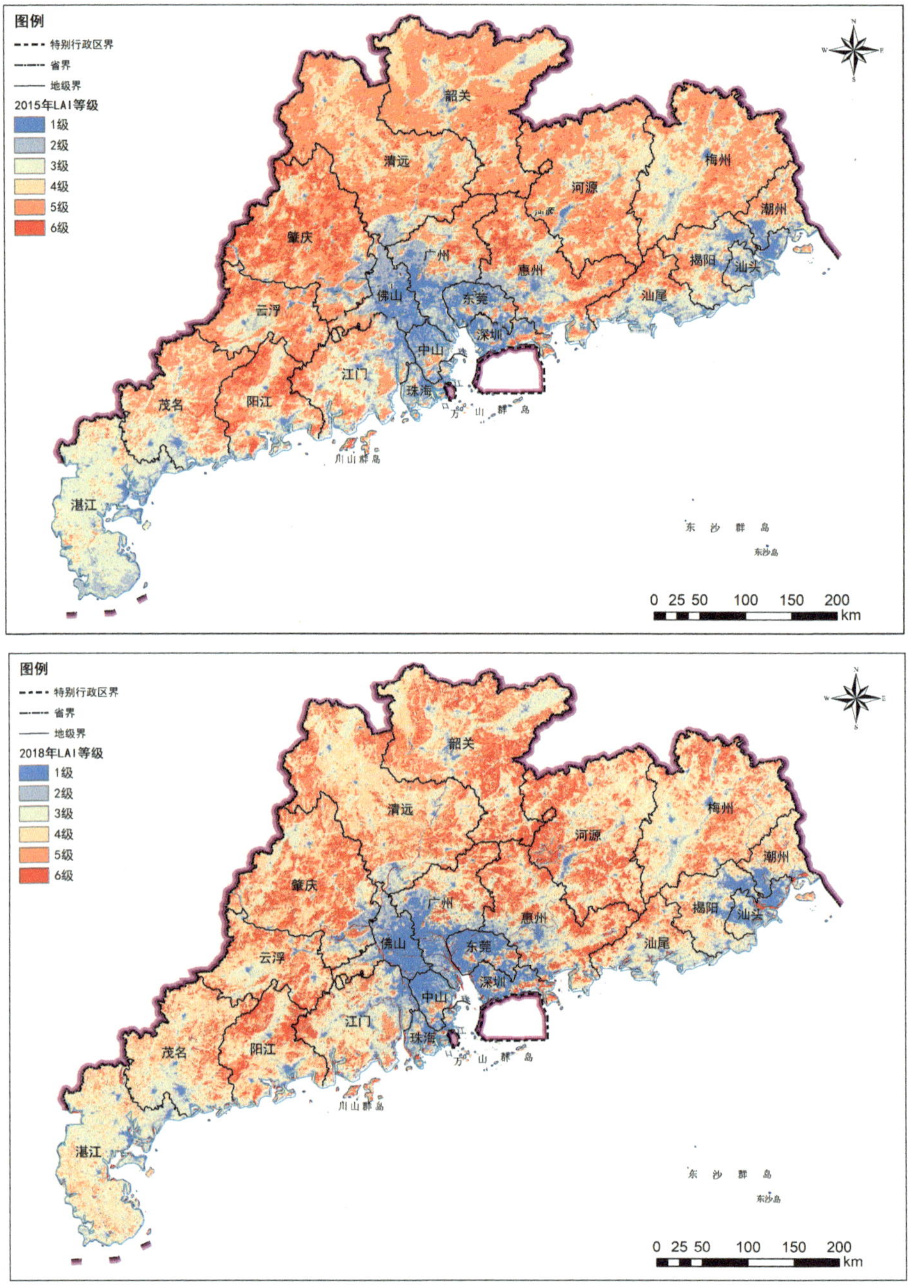

图 2-6　2000—2018 年不同时期叶面积指数分布

（2）叶面积指数空间变化分析

从图 2-6 可以发现，广东省叶面积指数呈图斑镶嵌交错分布，且由北向南呈递减趋势。2000—2018 年，叶面积指数的变化趋势存在着明显的空间差异，在粤东北部地区叶面积指数呈增长趋势，占比约为 33%，其中粤北地区的清远、韶关、河源以及粤东地区的潮州等植被区域的叶面积指数达到 4.0 以上，说明这些区域植被生长状况整体趋好；58%的区域保持在原等级，均匀分布于研究区内，其中粤西地区的湛江以保持原等级的面积占比最多；9%的区域叶面积指数呈下降趋势，植被退化状态显著，主要集中在珠三角城市群以及粤东地区的中心城区，并随时间呈不断向外扩张的趋势。

从不同时期叶面积指数变化来看，2000—2005 年，大部分地区植被生长状态趋好，其中粤北山区的叶面积指数提升最快，珠三角地区的叶面积指数逐渐降低；2005—2010 年，研究区植被生长状况整体略有降低，说明经济发展和城市化进程给植被生长带来了不同程度的影响；2010—2015 年，研究区植被生长状况总体呈回升态势，说明近 5 年来研究区森林资源得到了有效保护和合理利用；2015—2018 年，各地区的植被生长状况呈下降趋势，这与该研究区内气温、降水量的变化情况保持一致。

2.4 生态系统质量综合评估

根据《全国生态状况调查评估技术规范——生态系统质量评估》评估广东省生态系统质量，总体技术路线如图 2-7 所示。

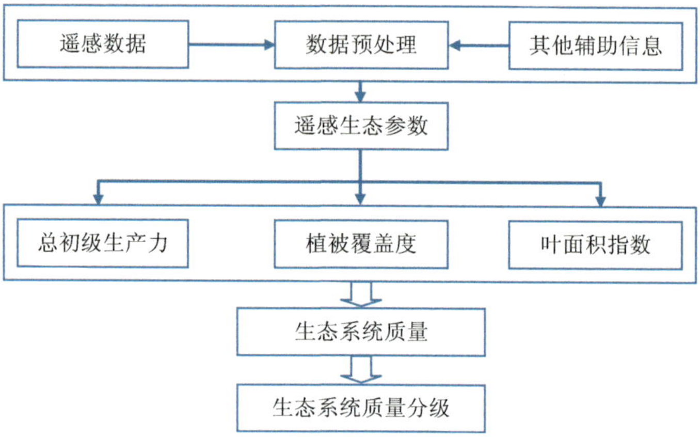

图 2-7 生态系统质量综合评估总体技术流程

2.4.1 评估指标与方法

生态系统质量综合评估以遥感生态参数（总初级生产力、植被覆盖度、叶面积指数）作为指标，其中 3 个参数计算结果分别采用 2.3.1 节～2.3.3 节中的 2018 年值，并将各指数值进行归一化处理，具体归一化计算方法如式（2-1）所示：

$$x' = \frac{x - \min(x)}{\max(x) - \min(x)} \tag{2-1}$$

式中，x' —— 归一化处理后指数；

x —— 原指数；

$\min(x)$ —— 所有数值中最小值；

$\max(x)$ —— 所有数值中最大值。

生态系统质量反映区域生态系统质量整体状况，具体用第 i 年线性归一化后的植被覆盖度、叶面积指数和总初级生产力表示，其计算方法如式（2-2）所示：

$$\mathrm{EQI}_i = \frac{\mathrm{LAI}_i + \mathrm{FVC}_i + \mathrm{GPP}_i}{3} \times 100 \tag{2-2}$$

式中，EQI_i——第 i 年生态系统质量；

LAI_i——第 i 年叶面积指数［参照式（2-1）线性归一化后的值］；

FVC_i——第 i 年植被覆盖度［（参照式（2-1）线性归一化后的值］；

GPP_i——为第 i 年总初级生产力［（参照式（2-1）线性归一化后的值］。

根据生态系统质量评估结果，将生态系统质量分为 6 级，即优、良好、中等、较低、差、极差，具体分级情况见表 2-7。

表 2-7　生态系统质量分级

	优	良好	中等	较低	差	极差
生态系统质量	EQI≥75	65≤EQI＜75	55≤EQI＜65	35≤EQI＜55	20≤EQI＜35	EQI＜20

2.4.2　评估结果与分析

利用地理信息系统软件 ArcGIS 10.5 对广东省的生态系统质量评估结果按照上述标准进行分类，得到 2018 年广东省生态系统质量分布图（图 2-8），并对不同区域数据进行统计，得到广东省各等级生态系统质量面积百分比统计表（表 2-8）。

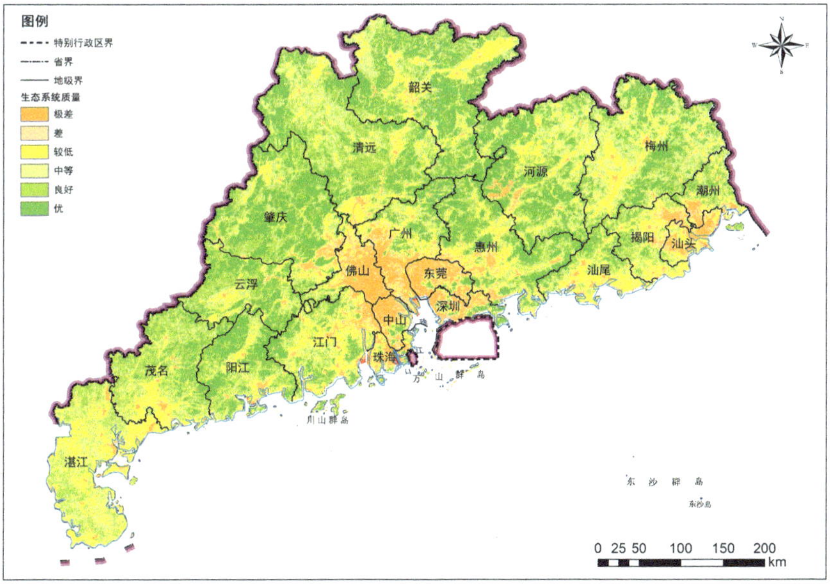

图 2-8　2018 年广东省生态系统质量分布

表 2-8 广东省各等级生态系统质量面积统计

等级	面积占比/%			
	粤北	粤东	粤西	珠三角
极差	1.09	10.58	2.47	14.82
差	1.75	11.87	3.37	10.76
较低	16.48	27.26	26.54	18.17
中等	27.89	21.18	27.67	15.51
良好	24.90	18.87	26.51	17.50
优	27.89	10.25	13.44	23.24

从图 2-8 和表 2-8 可以看出，广东省生态系统质量整体较好，大部分区域生态系统质量处于良好、优等级，极少数区域处于差、极差等级。生态系统质量空间分布具有一定的规律性，呈北高南低的带状分布格局，整体上生态系统质量优、良好等级区域分布较广泛，主要分布在多林地和草地的粤北和珠三角肇庆一带；生态系统质量较低区域具有一定的聚集性，主要分布在多耕地、建设用地、河网较为密集的珠三角地区和粤东沿海地带，这里主要是人类活动频繁、人口数量大、植被覆盖率较低的农业生产区和城市经济区。而中等、较差生态系统质量区域主要分布在粤东西地区，这与该区域的林地和耕地土地利用类型分布区具有较高的一致性。

参考文献

董玉红，刘世梁，安南南，等. 2015. 基于景观指数和空间自相关的吉林大安市景观格局动态研究[J]. 自然资源学报，30（11）：1860-1869.

刘怡娜，孔令桥，肖燚，等. 2019. 长江流域景观格局与生态系统水质净化服务的关系[J]. 生态学报，39（3）：844-852.

莫素芬，胡宝清，赖国华，等. 2020. 广西西江流域景观格局动态变化分析[J]. 广西科学院学报，36（2）：200-206.

苏常红，傅伯杰. 2012. 景观格局与生态过程的关系及其对生态系统服务的影响[J]. 自然杂志，34（5）：277-283.

3 生态系统服务重要性与重要生态空间划定

根据《生态保护红线划定技术指南》，生态系统服务重要性主要通过评价研究区多年平均水源涵养、水土保持、防风固沙、生物多样性维护、碳储存等服务空间分布情况实现。考虑到广东气候湿润、冬春季无沙尘天气，防风固沙功能不明显，本研究利用 InVEST 模型及水土流失方程等评价研究区水源涵养、水土保持、生物多样性维护、碳储存 4 类生态系统服务重要性。

3.1 评价方法和数据来源

3.1.1 水源涵养

（1）评价方法

本研究基于改进的 InVEST 模型计算研究区产水量。InVEST 模型产水量模块（hydropower）基于水量平衡原理计算研究区水源涵养量，但未考虑地表径流因素，造成林地等生态用地单位面积产水量低于建设用地等不合理结果（区域降水差异不大的情况下，林地由于蒸腾量较高，计算得到产水量较低），因此，本研究在计算结果的基础上，扣除了地表径流产生量。公式如下（王秀明，2019；Sharp R，2015）：

$$Y_{xj} = P_x \times \left(1 - \frac{\mathrm{AET}_{xj}}{P_x}\right) - D_{xj}$$

$$\frac{\mathrm{AET}_{xj}}{P_x} = \frac{1 + \omega_x + R_{xj}}{1 + \omega_x + R_{xj} + \frac{1}{R_{xj}}}$$

$$\omega_x = Z \times \left(\mathrm{AWC}_x / P_x\right)$$

$$R_{xj} = \left(k_{xj} \times \mathrm{ET}_{0x}\right) / P_x$$

式中，Y_{xj} —— 第 j 种生态系统类型中单元格 x 上的年水源涵养量；

P_x —— 单元格 x 上的年降水量；

AET_{xj} —— 单元格 x 的年实际蒸散量；

$\frac{\mathrm{AET}_{xj}}{P_x}$ —— 年实际蒸散与年降水量的比值，即 Zhang 系数；

D_{xj} —— 地表径流量，由单元格 x 年均降水量与对应生态系统类型的地表径流系数相乘得到；

ω_x —— 植被年需水量与年降水量的比值；

Z —— 降雨深度和降雨时间的分布，其值为常数；

R_{xj} —— 景观类型 j 中单元格 x 上的 budyko 干燥指数，是潜在蒸散与降水的比值；

AWC_x —— 植被可利用含水量，mm；

k_{xj} —— 植被蒸散系数，是不同发育期植被蒸散量 ET 与潜在蒸散量 ET_{0x} 的比值。

（2）数据来源及预处理

InVEST 模型产水量模块数据输入及后续运算所需的数据包括土地利用分类数据、多年平均降水量、多年平均潜在蒸散量、根系约束层土壤深度、植被可利用含水量、植被蒸散系数、集水区（子流域）。

1）土地利用分类数据

来源于中国科学院资源环境科学数据中心土地利用解译结果，详见 2.2.1 节。

2）多年平均降水量

本研究 1980—2015 年逐年平均降水量来源于中国科学院资源环境科学数据中心，中国 1980 年以来逐年年降水量空间插值数据集。通过 ArcGIS 10.2 中的 raster calculator 计算得到多年平均降水量。降水量栅格图层也可以直接由研究区及周边气象站逐日/月或年降水量数据通过空间运算和插值获取。

3）多年平均潜在蒸散量

2000—2020 年每年平均潜在蒸散量数据来源于美国国家航空航天局 MOD16A2（PET）数据，经过 MRT 格式转换、投影转换和重采样统一为 100 m 分辨率，并通过 ArcGIS 10.2 中的 raster calculator 计算得到多年平均潜在蒸散量。利用 MOD16A2（PET）数据基于 Penman-Monteith 方程计算潜在蒸散量。

$$\mathrm{ET}_{0x}=0.0013\times0.408\times\mathrm{RA}\times\left(T_{\mathrm{avg}}+17.8\right)\times\left(\mathrm{TD}-0.0123P_x\right)^{0.76}$$

式中，RA —— 太阳顶层辐射，MJ；

T_{avg} —— 日最高气温均值和日最低气温均值的平均值，℃；

TD —— 日最高气温均值和日最低气温均值的差值，℃。

4）根系约束层土壤深度

根系约束层土壤深度直接利用寒区旱区科学数据中心中国土壤数据集，参考土壤深度数据，研究区根系约束层土壤深度范围为 0～100 cm。

5）植被可利用含水量（AWC_x）

植被可利用含水量计算公式如下：

$$AWC_x = 54.509 - 0.132 \times SAN - 0.003 \times SAN^2 - 0.055 \times SIL - 0.006 \times SIL^2 - 0.738 \times CLA + 0.007 \times CLA^2 - 2.688 \times C + 0.501 \times C^2$$

式中，SAN、SIL、CLA、C —— 分别是沙粒、粉粒、黏粒和有机碳的含量，数据来源于寒区旱区科学数据中心中国土壤数据集。

6）植被蒸散系数（k_{xj}）

参考 InVEST 模型指南（Sharp R，2015）及相关研究，对植被蒸散系数赋值见表 3-1。

表 3-1　不同地表覆盖的植被蒸散系数、地表径流系数

地类	蒸散系数	地表径流系数	地类	蒸散系数	地表径流系数
水田	0.65	30	滩涂	1	0
旱地	0.45	35	滩地	1	0
有林地	0.8	2	城镇用地	0.3	95
灌木林	0.7	5	农村居民点	0.2	90
疏林地	0.6	8	其他建设用地	0.25	95
其他林地	0.55	10	沙地	0.2	90
高覆盖度草地	0.7	4	盐碱地	0.2	90
中覆盖度草地	0.65	9	沼泽地	0.2	90
低覆盖度草地	0.6	18	裸地	0.2	90
河渠	1	0	其他未利用地	0.2	90
湖泊	1	0	海洋	1	
水库坑塘	1	0			

7）子流域范围（矢量）

利用 ArcGIS 10.2 中水文分析模块计算研究区子流域。

8）地表径流系数

不同地表覆盖的地表径流系数不同，本研究参考《生态保护红线划定技术指南》对不同地表覆盖蒸散系数、地表径流系数赋值，见表 3-1。

3.1.2 土壤保持

（1）评价方法

本研究参考《生态保护红线划定技术指南》，基于水土流失方程计算水土保持服务，计算公式如下：

$$\mathrm{RKLS} = R \times K \times \mathrm{LS}$$

$$\mathrm{USLE} = R \times K \times \mathrm{LS} \times C \times P$$

式中，RKLS —— 土壤潜在侵蚀量，是仅考虑地貌与气候条件下的计算结果；

USLE —— 实际土壤侵蚀量，主要考虑植被覆盖、拦截作用及实施了水土保持措施后的计算结果；

R —— 降水侵蚀力；

K —— 土壤可蚀性；

LS —— 坡度坡长因子；

C —— 植被覆盖因子；

P —— 水土保持措施因子。

（2）数据来源及预处理

1）多年降水侵蚀力 R

本研究 1986—2015 年多年降水侵蚀力平均值来源于国家科技基础条件平台——国家地球系统科学数据中心（http：//www.geodata.cn/）中国 250 m 分辨率降水侵蚀力图（1986—2015 年）数据集，空间分辨率为 250 m。利用 ArcGIS 进行数据拼接，并统一转换为 WGS1984 坐标系。

2）土壤可蚀性因子 K

土壤可蚀性因子体现了不同土壤的侵蚀速度，计算公式如下：

$$K=\left\{0.2+0.3\mathrm{e}^{[-0.0256\mathrm{SAN}(1-\mathrm{SIL})]}\right\}\times\left(\frac{\mathrm{SIL}}{\mathrm{CLA}}+\mathrm{SIL}\right)^{0.3}\times\left(\frac{1-0.25C}{C+\mathrm{e}^{3.72-2.95C}}\right)\times\left(\frac{1-0.7\mathrm{SN1}}{\mathrm{SN1}+\mathrm{e}^{-5.51+22.9\mathrm{SN1}}}\right)$$

式中，SAN、SIL、CLA、C —— 分别是沙粒、粉粒、黏粒和有机碳的含量；

SN1=1−SAN。

土壤质地数据来源于寒区旱区科学数据中心（http：//westdc.westgis.ac.cn/）中国土壤数据集，按照上述公式计算后可得到土壤可蚀性栅格图层，并统一投影和坐标系。

3）地形因子 LS

地形是水土流失最直接的要素之一，坡长因子（L）和坡度因子（S）是影响土壤侵蚀量最重要的地形因素（李晶，2017），采用美国水土流失方程（RUSLE）中的坡长因子，计算公式如下：

$$L=(\lambda/22.1)^{m}$$

$$m=\beta/(1+\beta)$$

$$\beta=\frac{\frac{\sin\theta}{0.0896}}{3\sin\theta\times0.8}+0.56$$

式中，θ —— 栅格单元的坡度；

β —— 细沟侵蚀与细沟间侵蚀的比值；

λ —— 水平投影坡长；

m —— 可变的坡长指数。

$$S=\begin{cases}10.8\sin\theta+0.08, & \theta<5°\\ 16.8\sin\theta-0.5, & 5°\leqslant\theta<10°\\ 21.9\sin\theta-0.96, & \theta\geqslant10°\end{cases}$$

λ和θ因子通过 DEM 图层计算坡长、坡度可得，研究区 DEM 图层来自地理空间数据云（http：//www.gscloud.cn/）。

4）植被覆盖因子 C

植被覆盖与田间管理因子 C 在一定条件下决定了土壤侵蚀强度的大小，计算公式如下：

$$\mathrm{FVC}=\frac{\mathrm{NDVI}-\mathrm{NDVI}_{\min}}{\mathrm{NDVI}_{\max}-\mathrm{NDVI}}$$

$$C=\begin{cases}1, & \mathrm{FVC}=0\\ 0.6508-0.3436\lg \mathrm{FVC}, & 0<\mathrm{FVC}<78.3\%\\ 0, & \mathrm{FVC}>078.3\%\end{cases}$$

式中，FVC —— 植被覆盖度；

$\mathrm{NDVI}_{\min}$ —— 土地没有植被覆盖或影像中 NDVI 的最小值；

$\mathrm{NDVI}_{\max}$ —— 某种土地类型所达到的 NDVI 最大值。

本研究植被覆盖度数据直接利用北京师范大学 GLASS 产品，通过地球系统科学数据平台获取。

5）水土保持措施因子 P

研究区内各区域水土保持措施不存在明显差异，均赋值为 1。

3.1.3 生物多样性维护

本研究以广东省自然保护区（省级及以上）作为生物多样性维护功能重要区，其矢量范围来自广东省生态环境厅。

3.1.4 碳储存

（1）评价方法

陆地植被碳循环是碳循环的重要组成部分，本研究采用植被净初级生产力 NPP 表示生态系统固碳能力。

（2）数据来源及预处理

NPP 数据采用美国国家航空航天局 MOD17A3 年度数据，通过投影和坐标转换后利用栅格计算器计算 2000—2020 年多年平均值。

3.2　生态系统服务重要性评价结果

3.2.1　水源涵养

以单位面积多年平均产水量统计，研究区单位面积多年平均产水量为 633.28 t/（$hm^2 \cdot a$），其中河源、惠州、江门、阳江多年平均产水量最高，均达到 700 t/（$hm^2 \cdot a$）以上；湛江、佛山、汕头、中山、东莞、潮州最低，单位面积产水量均低于 500 t/（$hm^2 \cdot a$）（图 3-1）。

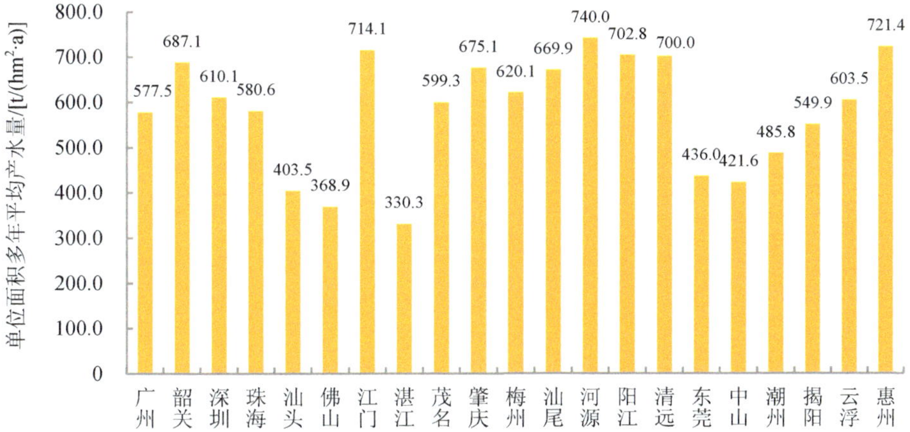

图 3-1　研究区各行政区单位面积多年平均产水量

空间分布方面，单位面积多年平均产水量高值区主要位于广东省清远—广州北部—惠州—河源南部—汕尾一带及阳江、江门地区，整体与研究区降水量空间分布基本一致。低值区位于珠三角城市群及各城市建成区、农用地集中区域（图 3-2）。

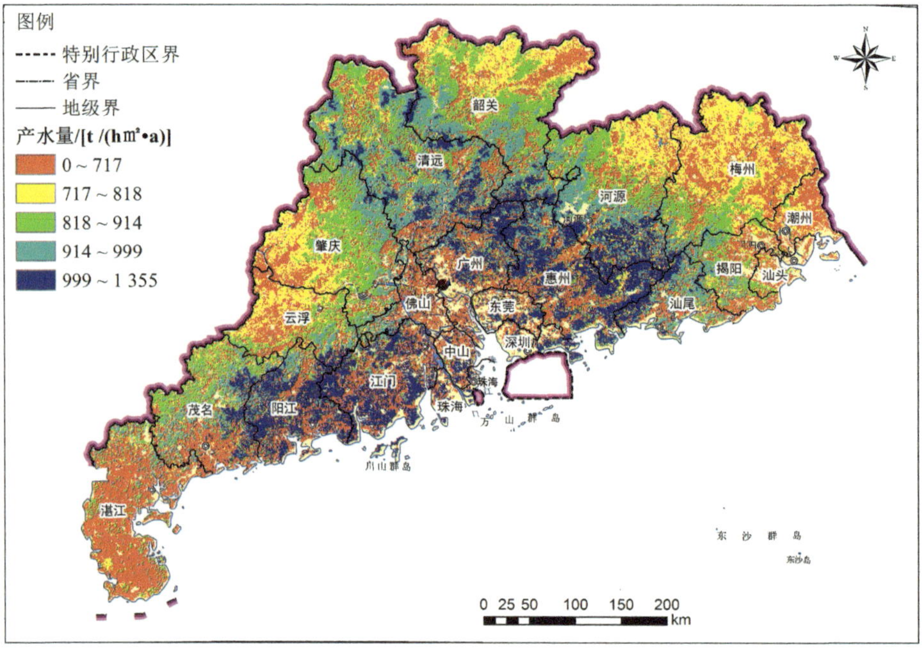

图 3-2　研究区水源涵养重要性评价结果

以产水总量统计，研究区多年平均产水总量为 10 212.64 万 t/a，其中清远、韶关、河源占比最高，达到 10%以上；肇庆、梅州占比达到 9%以上；珠海、汕头占比最低，均不足 0.5%；深圳、东莞占比不足 1%。

3.2.2　土壤保持

以单位面积多年平均土壤保持量值统计，研究区单位面积多年平均土壤保持量为 5 166.15 t/（hm^2·a），其中清远、江阳最高，达到 7 000 t/（hm^2·a）以上；惠州、汕尾、韶关也达到 6 000 t/（hm^2·a）以上；湛江、佛山、东莞、中山、汕头最低，均不足 3 000 t/（hm^2·a）。空间分布与研究区地形基本一致，高值区主要分布在粤北地区的起微山、罗壳山、瑶山、大东山、滑石山、青云山、九连山，连接粤东和珠三角区域的莲花山脉，以及粤西地区的天露山、云雾山。低值区集中分布在珠三角城市群核心区域，以及湛江全域、茂名南部、河源东北部、梅州西部等区域（图 3-3、图 3-4）。

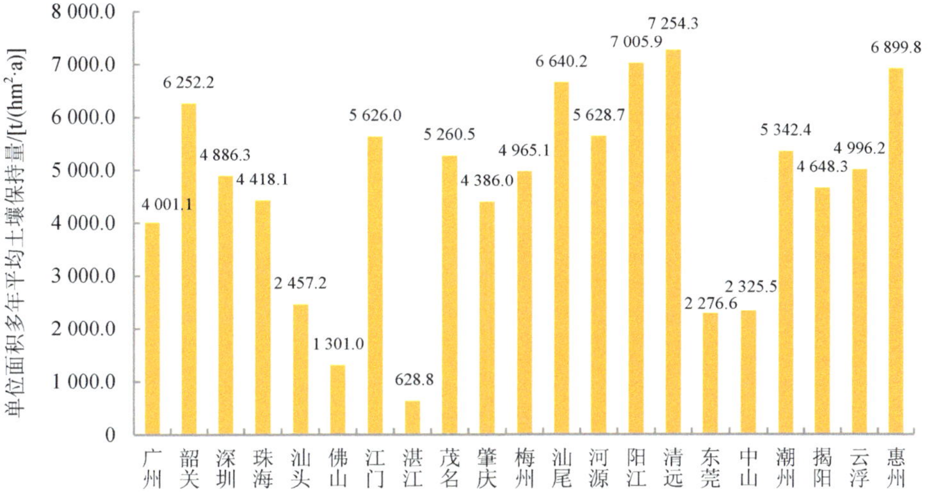

图 3-3 研究区各行政区单位面积多年平均土壤保持量

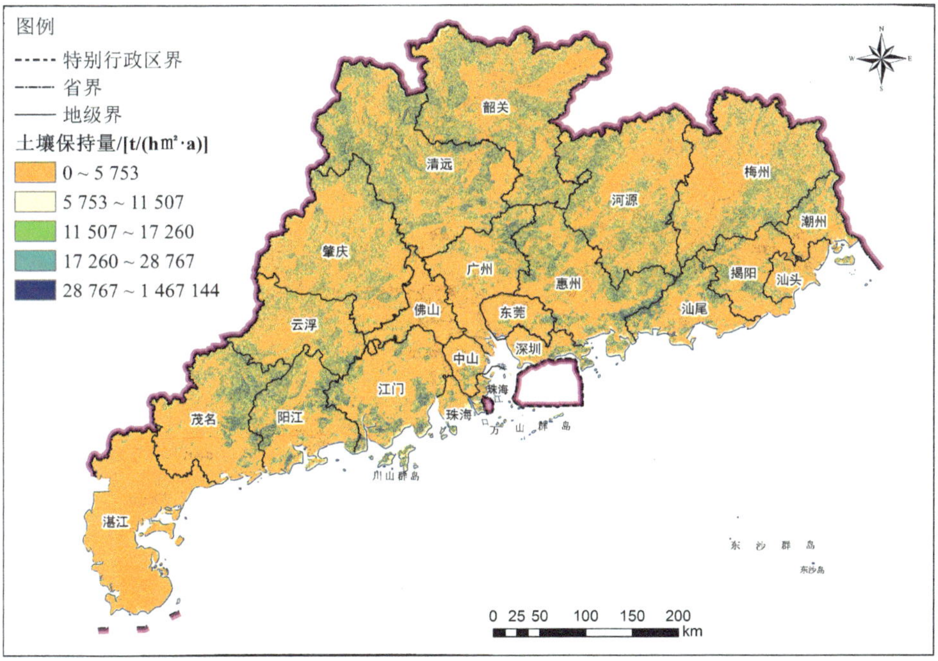

图 3-4 研究区土壤保持重要性评价结果

以土壤保持总量多年平均值统计，研究区总土壤保持量为 888.01 亿 t/（hm^2·a），其中清远、韶关占比最高，均达到 12%以上；河源、惠州、梅州次之，达到 8%以上；中山占比最低，不足 0.5%，佛山、汕头、东莞、珠海等地土壤保持总量占研究区总量的比例也不足 0.8%。

3.2.3 生物多样性维护

研究区以保护陆生生物为主的自然保护地共 74 个，总面积为 6 286.10 hm^2，占研究区总面积的 0.035%，在粤北韶关、清远、河源、梅州分布较多（图 3-5）。

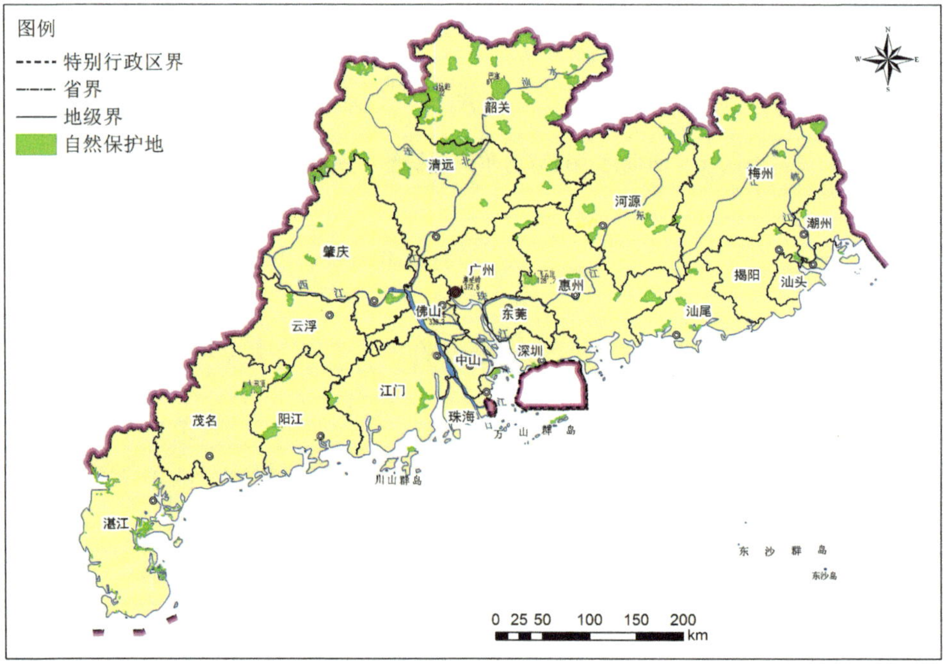

图 3-5 研究区自然保护地分布范围

3.2.4 碳储存

按照单位面积植被净初级生产力多年平均值统计（图 3-6），研究区单位面积多年平均植被净初级生产力（以 C 计）为 851.71 g/（m^2·a），高值区主要分布在粤北、粤东山地区域，低值区集中分布在珠三角城市群核心区，以及粤东城市建成区（图 3-7）。按照行政区统计，河源、梅州、肇庆、惠州、云浮、潮州单位面积多年平均植被净初级生产力（以 C 计）较高，均达到 900 g/（m^2·a）以上；东莞、中山、珠海、佛山单位面积多年平均植被净初级生产力（以 C 计）均低于 300 g/（m^2·a）。

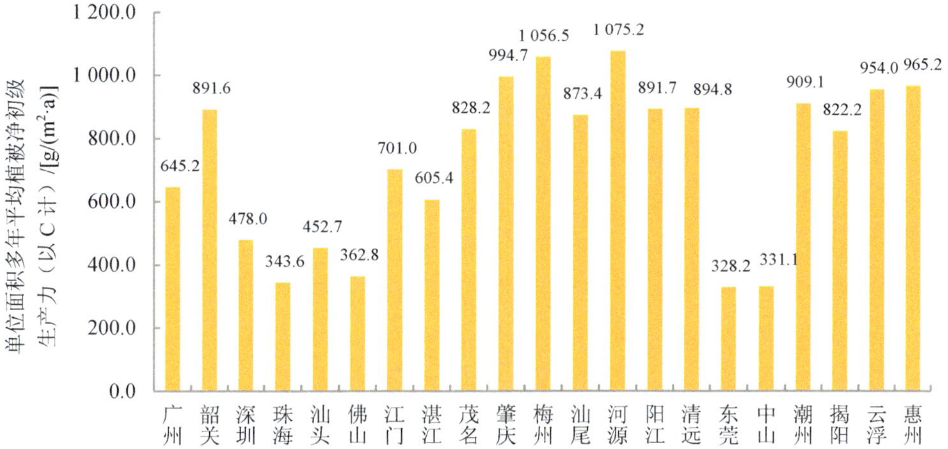

图 3-6 研究区各行政区单位面积多年平均植被净初级生产力

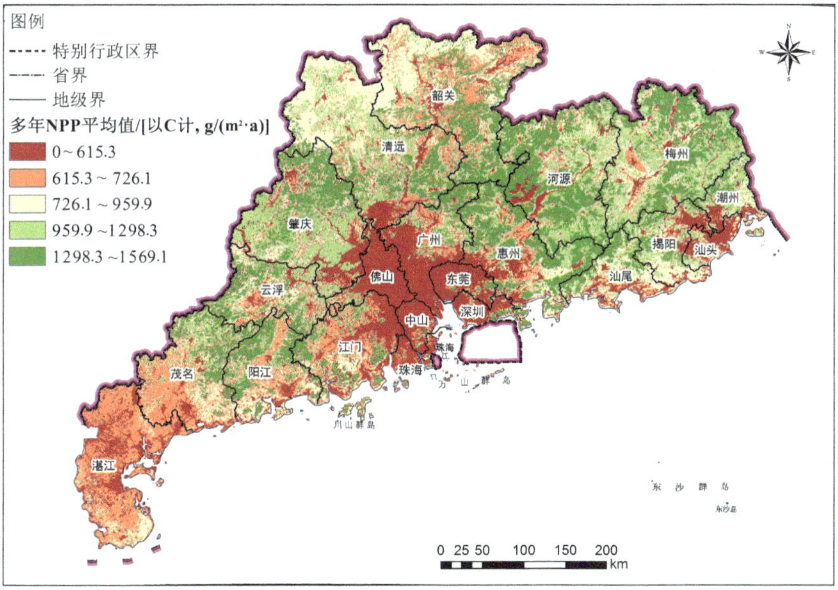

图 3-7 研究区碳储存重要性评价结果

按照植被净初级生产力总量统计，研究区总量（以 C 计）为 24.39 亿 g/a。其中清远、河源、梅州、韶关、肇庆市内总量占比均达到 9%以上，珠海、中山、东莞、深圳占比均为 0.6%以下。

3.2.5 生态系统服务重要区划定结果

根据上文生态重要性评价结果，将水源涵养、水土保持、生物多样性维护、碳储存服务多年平均值按照自然断点法分为 5 个等级，并选取其中重要性前 20%的区域进行空间融合，删除 1 km^2 以下碎斑，得到研究区生态功能重要区总体格局（图 3-8），总面积为 64 005.47 km^2，生态功能重要区主要分布在粤东西北山地区域。

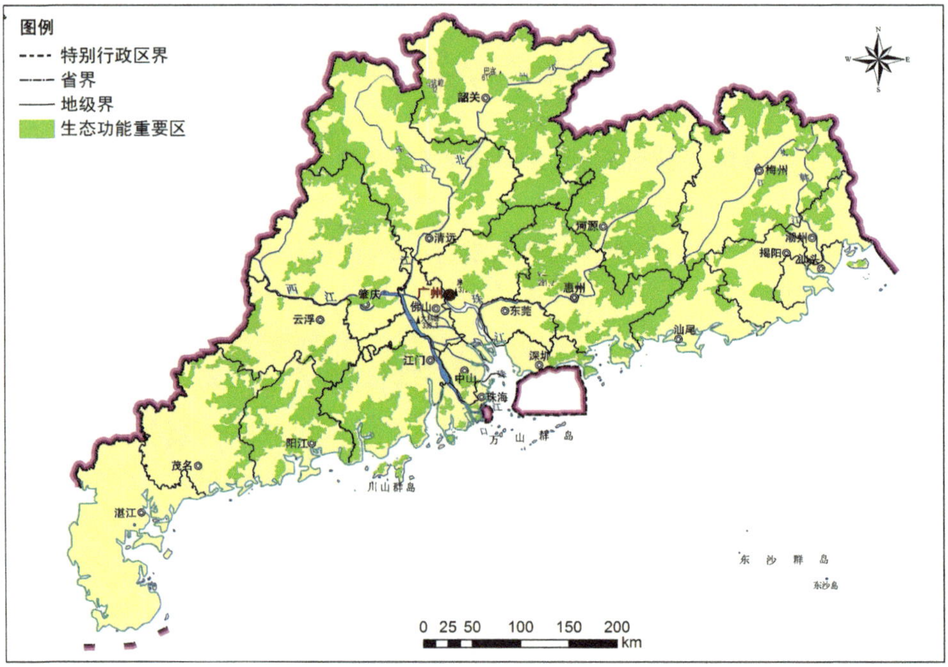

图 3-8 研究区生态系统服务重要区评价结果

3.3 研究应用案例

3.3.1 江门市生态保护红线划定

（1）划定流程

2018 年生态环境部组织开展了生态保护红线划定工作，由省级生态环境部门组织技术专家开展全省生态系统服务重要性、敏感性评估，确定全省陆域生态保护红线空间分布总体格局，各地市在省划定的总体格局基础上，衔接各地发展现状和规划进行细化处理。

（2）江门市生态系统服务重要性、敏感性评估结果

根据《广东省环境保护厅　广东省发展和改革委员会关于做好生态保护红线划定工作的函》（粤环函〔2018〕153 号），经省技术组评估得到江门市水源涵养、水土保持、生物多样性维护重要区，以及水源涵养、水土流失、石漠化敏感区，总体形成江门市生态保护红线格局面积 2 573.58 km^2（图 3-9），占市域面积的 27.07%。

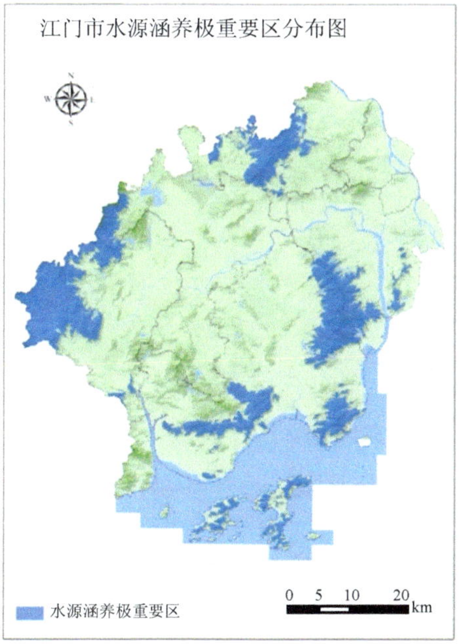

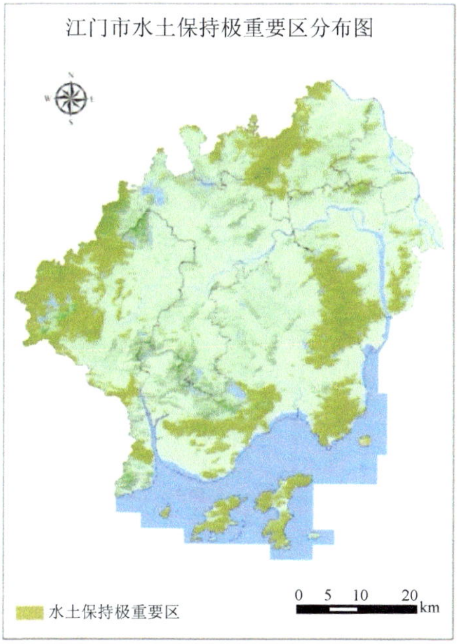

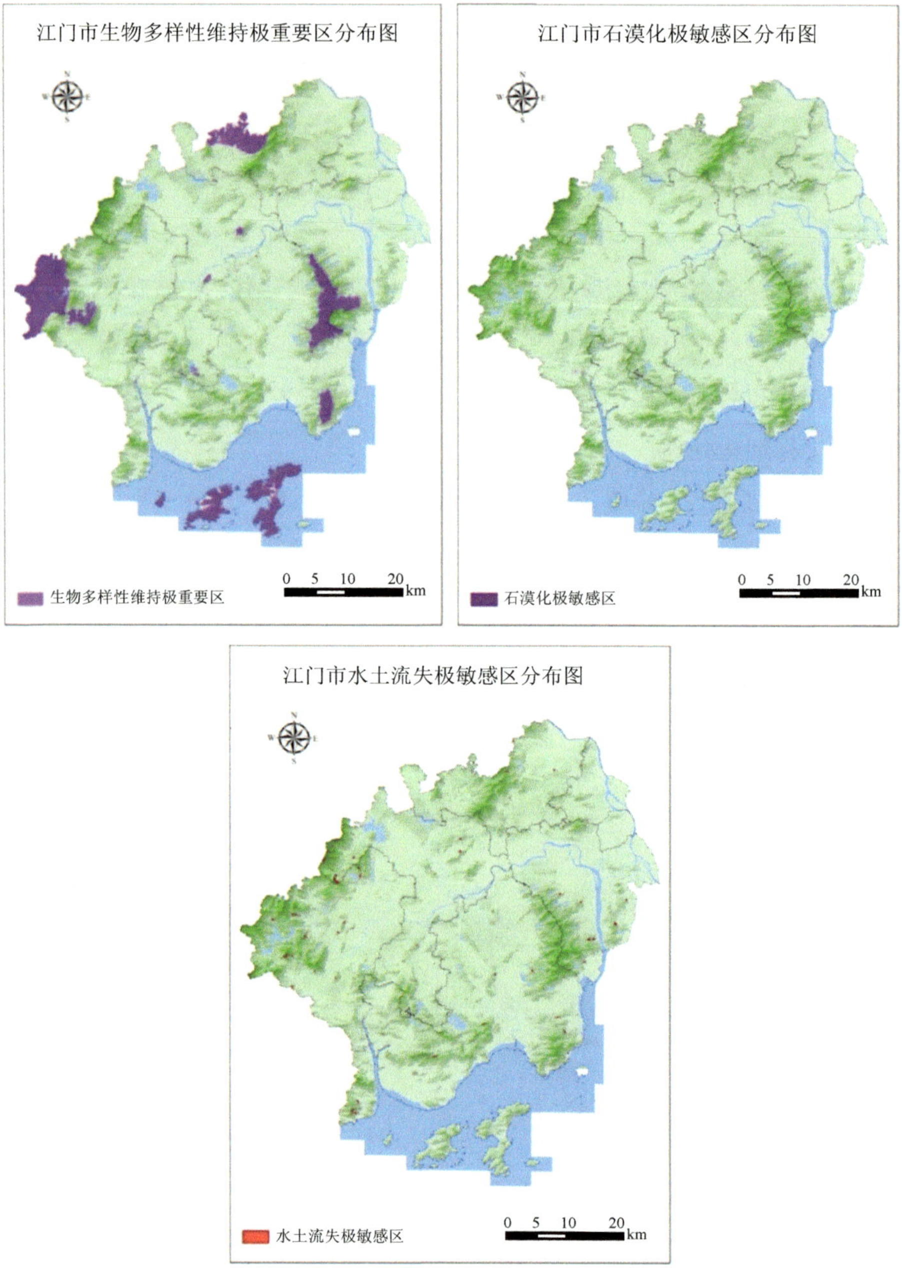

图 3-9　江门市生态系统服务重要性、敏感性评价结果

（3）江门市衔接增补扣减过程

在广东省下发生态保护红线格局的基础上，江门市对禁止开发区、矿产资源开发区、线性基础设施、城镇乡村建设用地等进行了衔接（图 3-10），主要包括：

1）衔接禁止开发区

一方面，补充未纳入广东省划定生态保护红线的禁止开发区，包括广东彩虹岭森林公园、广东云乡森林公园、响水龙潭森林公园、镇海湾红树林国家湿地公园、广东孔雀湖湿地公园等。另一方面，扣减位于广东省划定生态保护红线总体格局但实际建设发生变化不宜纳入的禁止开发区，如圭峰山风景名胜区属于人文景观类，且位于城区，按照划定指南要求，人文类风景名胜区、城市内风景名胜区不划入生态保护红线。国家级湿地公园——广东新会小鸟天堂国家湿地公园位于城市内部，且尚未完成建设，所以暂不纳入生态保护红线。县级饮用水水源地新会市饮用水水源保护区牛勒吸水点、台山市饮用水水源保护区（合水水闸）、台山市饮用水水源保护区（潭江段）、开平市饮用水水源保护区（龙山水库）由于计划废除，已上报方案，所以不纳入生态保护红线。

2）衔接矿产资源开发区

扣减位于生态保护红线格局且不涉及禁止开发区，并具有有效矿权证的采矿区和探矿区、挂牌出让的矿区以及《江门市矿产资源规划》中的规划矿区，共 57 个矿区。

3）衔接线性基础设施

扣减位于生态保护红线格局内的线性基础设施共 28 条，其中公路 16 条、铁路 3 条、输电线路 8 条、天然气管道 1 条，其中斗门至恩平高速公路穿越江门古兜山省级自然保护区，深圳至岑溪高速公路江门龙湾至共和段改扩建工程、深茂东段江门站—存车场—江茂段新增用地、江肇高铁、广佛江珠城际穿越圭峰山国家森林公园的边缘，机场快速路、江肇高铁、广中江西高速延线穿越皂幕山，500 kV 襟桂甲乙线线路穿越曹峰山，其余线性基础工程均位于生态保护红线格局边缘且不涉及禁止开发区核心区。

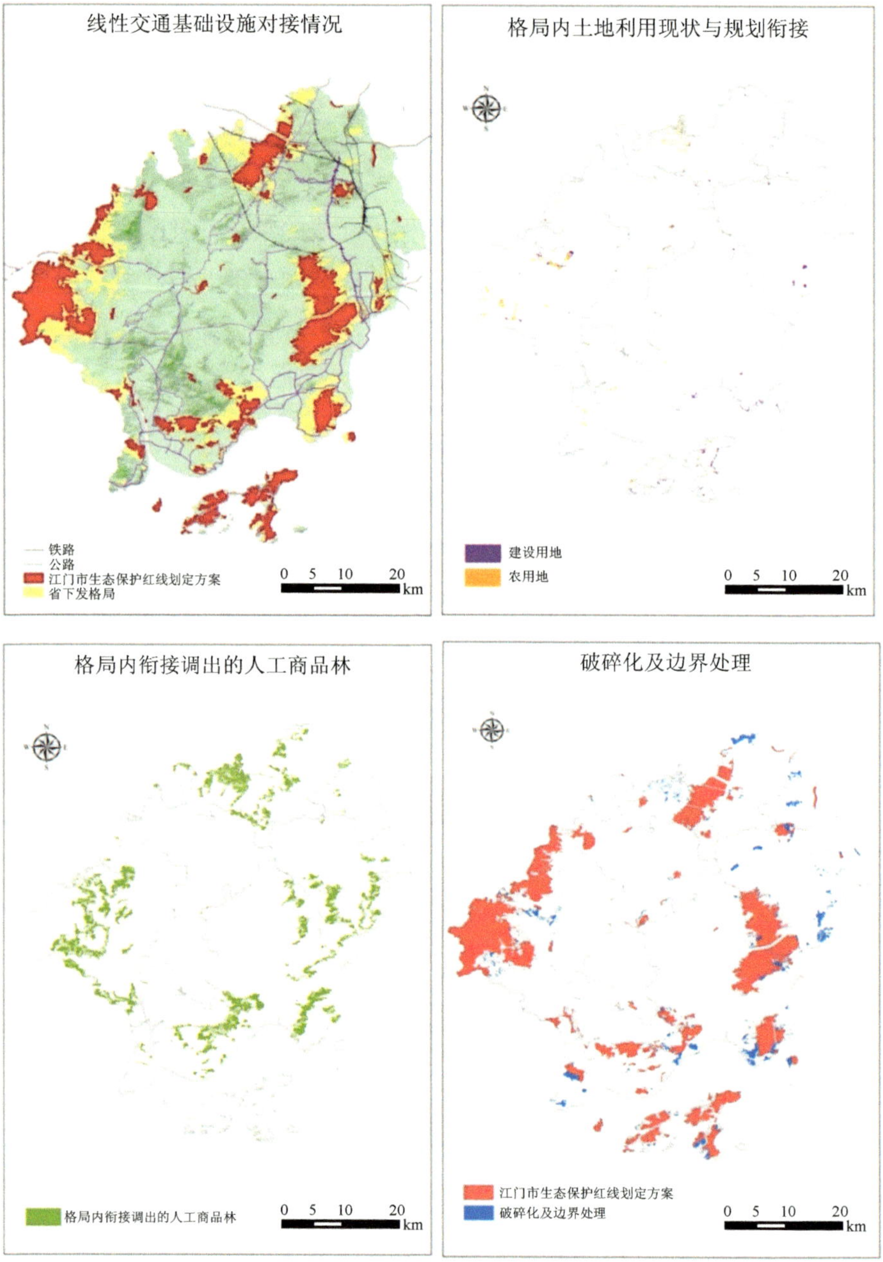

图 3-10　江门市生态保护红线划定过程衔接扣减图层

4）衔接城镇乡村建设用地

与国土部门提供的土地利用现状和土地利用规划的建设用地衔接，扣减生态保护红线格局内的城镇乡村建设用地、道路用地、风景名胜区及特殊用地。

5）衔接人工商品林

根据广东省下发的人工商品林数据，江门市生态保护红线格局内涉及衔接调出的人工商品林共 4 903 个斑块，面积共计 745.92 km^2。衔接调出的人工商品林均位于格局边缘，禁止开发区的人工商品林均未衔接调出。为保障生态保护红线格局完整性，鹤山皂幕山北部、恩平锦江水库北部、开平天露山的大片人工商品林均保留在生态保护红线格局内。

6）衔接耕地

与国土部门提供的土地利用现状和土地利用规划的农用地衔接，类型包括基本农田和高标准农田、水浇地、水田、旱地、设施农用地、果园、茶园，江门市生态保护红线格局内土地利用现状和土地利用规划的农用地总面积为 86.73 km^2。

7）破碎化及边界处理

根据生态保护系统完整性原则，生态保护红线划定要统筹考虑自然生态整体性和系统性，结合山脉、河流、地貌单元、植被等自然边界以及生态廊道的连通性，合理划定生态保护红线，减轻破碎化程度。为保证生态保护红线格局生态完整性，将红线格局内部破坏完整性的部分衔接调出的商品林斑块重新纳入红线格局内，主要包括鹤山皂幕山北部、恩平锦江水库北部、开平天露山等区域。将红线格局边缘小于 1 km^2 的破碎、零散斑块衔接调出，根据实际情况修整边界，最后得到较为完整、连通的生态保护红线格局。边界处理共衔接调出面积 226.75 km^2。其中包括对禁止开发区边界校核及功能分区调整过程中调出的范围，总面积为 28.58 km^2。

（4）江门市生态保护红线划定最终结果

经过禁止开发区校核和各类重点区域衔接，江门市生态保护红线划定面积为 1 462.07 km^2，占市域面积的 15.38%，如图 3-11 所示。

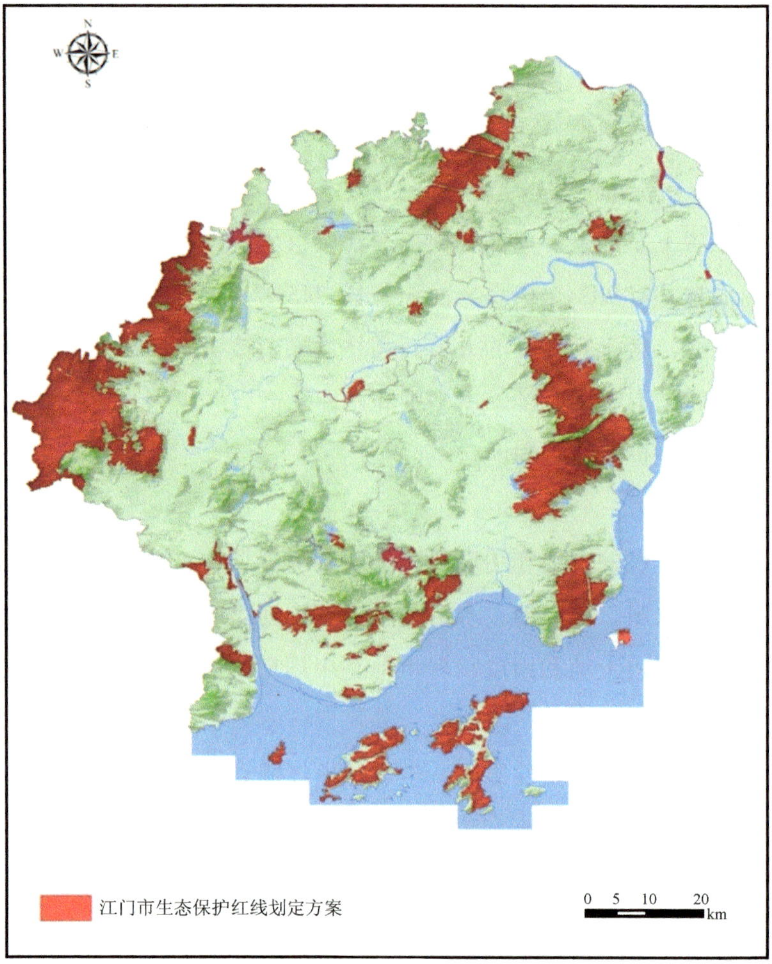

图 3-11 江门市生态保护红线划定最终结果

3.3.2 东莞市生态控制区划定

（1）划定过程

2018 年以来，按照党中央、国务院关于构建国土空间规划体系、全面开展国土空间总体规划的决策部署，东莞市开展了国土空间总体规划编制，其中国土空间分区划定是重要内容之一。按照《市级国土空间总体规划编制指南（试行）》，一级规划分区包括生态保护区、生态控制区、农田保护区、城镇发展区、乡村发展区、海洋发展区、矿产能源发展区 7 类，其中生态保护区一般为生态保护红线范围，生态控制区则包括生态保护红线外其他需要生态保护和建设、限制开发建设活动的区域。

本研究在广东省生态系统服务重要性评价的基础上，基于东莞市细化的土地利用分类及水系等基础数据，细化了东莞市生态系统服务重要性评价结果。同时结合东莞市林业、水务等管理部门要求，叠加全市水源保护区、生态公益林、湿地、“蓝线”等划定结果，最终划定东莞市生态控制区。

（2）东莞市生态系统服务重要性评估结果

生态系统服务重要性评价结果显示，东莞市水源涵养、生物多样性维护重要区主要位于南部大岭山、大屏障、银瓶山等山地区域，水土保持重要区主要位于大岭山、银瓶山区域，将各类生态系统服务重要、次重要区域提取并空间融合后得到东莞市重要生态空间 746.37 km^2（图 3-12）。

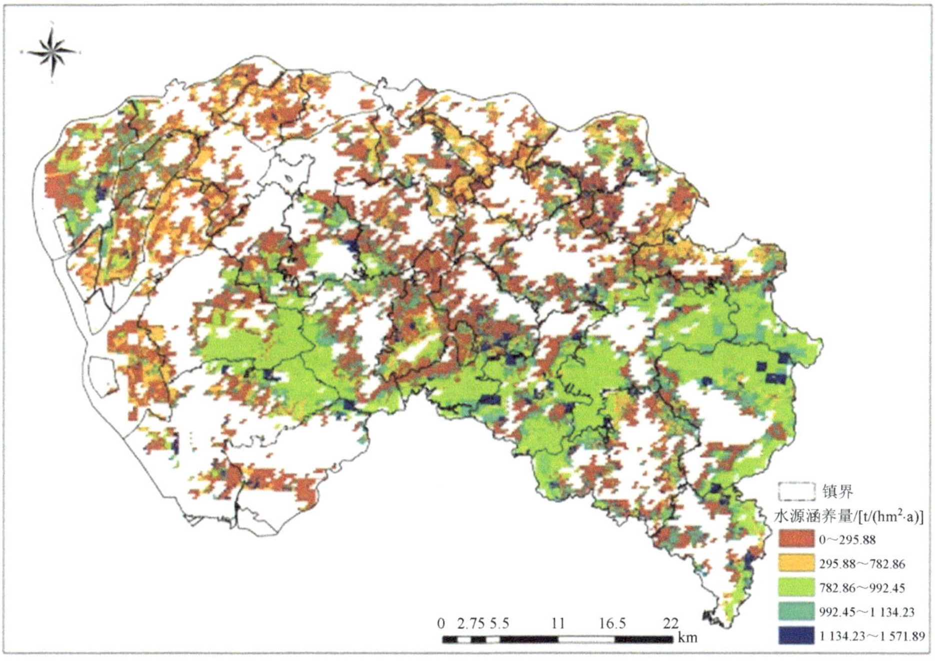

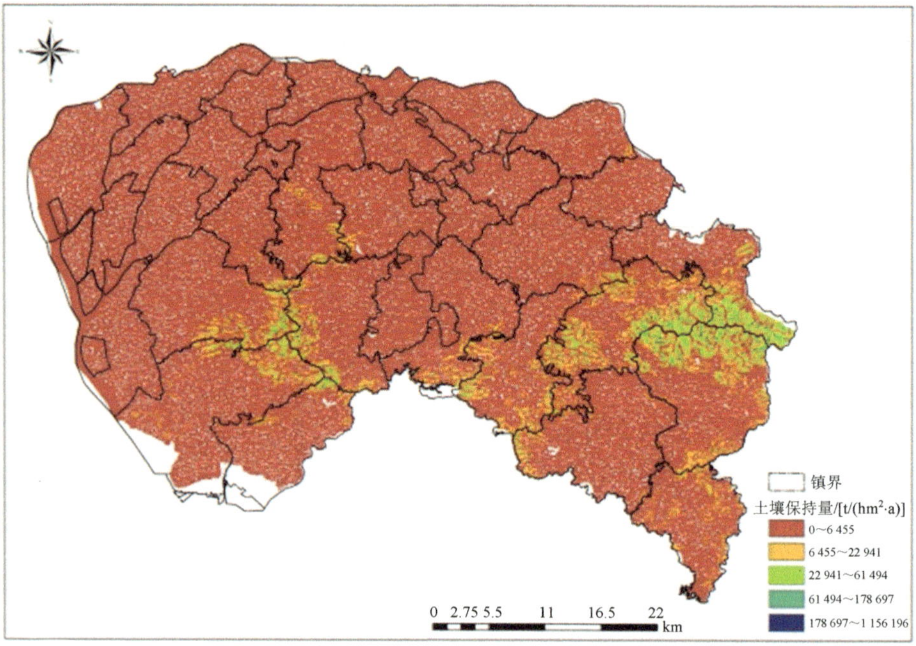
镇界
土壤保持量/[t/(hm²·a)]
0～6 455
6 455～22 941
22 941～61 494
61 494～178 697
178 697～1 156 196
0 2.75 5.5 11 16.5 22
km

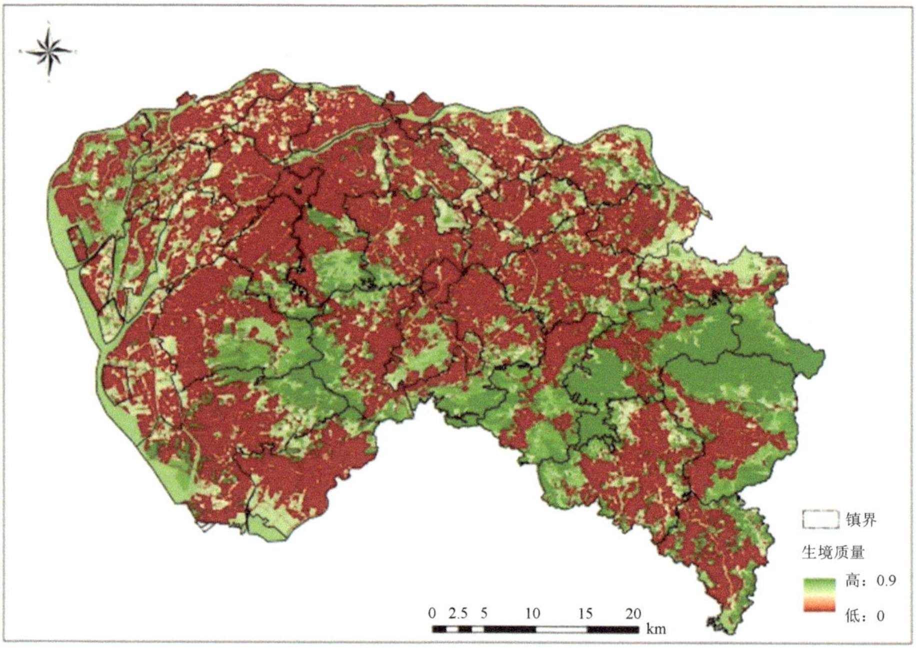
镇界
生境质量
高：0.9
低：0
0 2.5 5 10 15 20
km

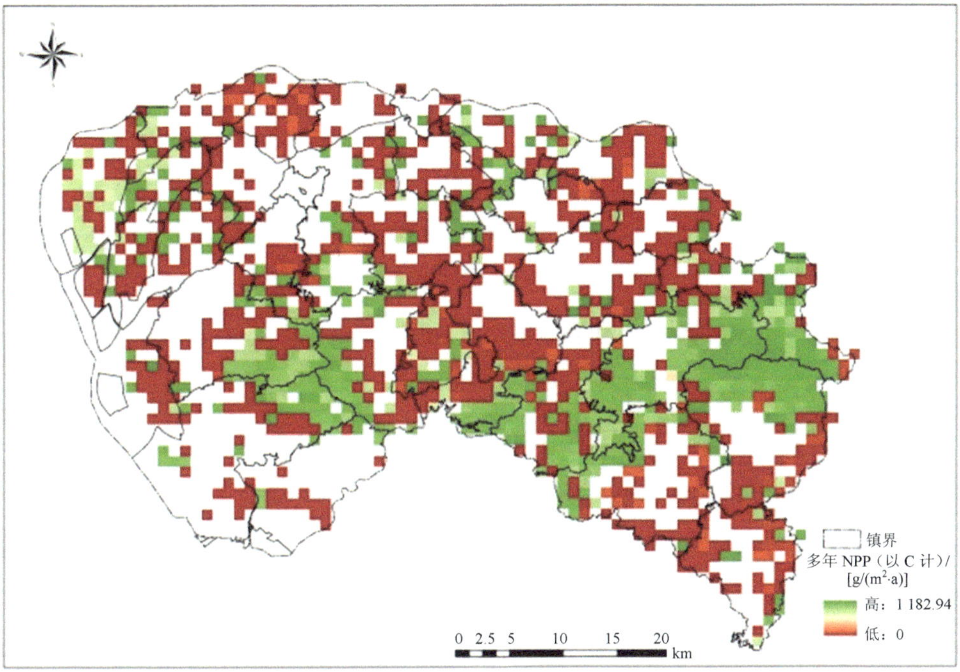

图 3-12 东莞市生态系统服务重要性评价结果

（3）衔接管理部门管控范围结果

1）饮用水水源保护区区划成果

广东省人民政府于 2014 年、2019 年批复同意东莞市东江干流、东江南支流、中堂水道、东江北干流等 10 个河流型及茅輋、契爷石、三坑、官井头、雁田、罗田和清泉水库 7 个水库型饮用水水源地。按照《东莞市“千吨万人”乡镇级饮用水水源保护区划分方案》，“千吨万人”乡镇级饮用水水源保留区区划范围包括长湖、金鸡咀、吓角、石鼓、簕竹排、上南、牛眠埔 7 座水库。

2）公益林划定成果

按照东莞市林业局开展的公益林落界成果报批稿，确定公益林保护底线面积为 21 549.17 hm^2。

3）湿地保护范围

以第三次全国国土调查数据为准，统计得到湿地保护范围总面积为 279.01 hm^2。

4）蓝线划定范围

根据《东莞市蓝线专项规划》（送审稿），东莞市蓝线共 176 个对象，包括河道 91 条、水库 66 个、湿地 17 个、重要原水管线 2 条。蓝线总面积为 319.89 km^2，其中河道蓝线面积为 162.90 km^2、水库蓝线面积为 131.35 km^2、湿地蓝线面积为 22.78 km^2、重要原水管线蓝线面积为 2.86 km^2。

（4）生态控制区划定最终结果

按照上述过程，划定东莞市生态控制区总面积 694.94 km^2。全市生态空间共同构成了“一屏一带三核多廊道多节点”的生态安全格局。其中“一屏”是指南部山地生态屏障，是保障生态安全的关键区域；“一带”是指西部狮子洋海岸带，应加强海湾和海岸带生态整治修复；“三核”是指大岭山、大屏障、银瓶山三大绿核，是生物多样性集中分布区域，应通过空间管控途径加强保护；“多廊道”是指东江干流、东江南支流、石马河、寒溪水等水系廊道网络，以生态廊道串联山地、城市和海洋，促进山水城交融；“多节点”指同沙水库、松山湖水库等湖库及水濂山森林公园、大岭山森林公园、莲花山自然保护区、巍峨山森林公园、大屏障森林公园、银瓶山森林公园等重要节点（图 3-13）。

3.3.3 肇庆市一般生态空间划定

（1）划定过程

2018 年以来，按照《中共中央　国务院关于全面加强生态环境保护　坚决打好污染防治攻坚战的意见》（中发〔2018〕17 号）要求，各级生态环境部门组织开展了省（区、市）生态环境空间评价及分区管控（“三线一单”）工作，其中划定“一般生态空间”是“三线一单”工作的重要内容之一。

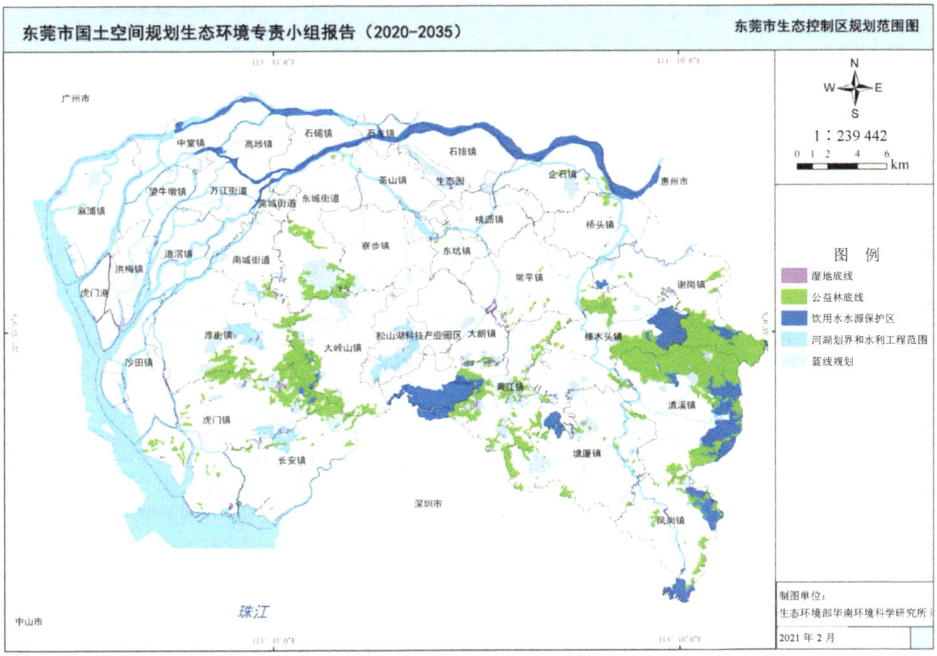

图 3-13　东莞市生态控制区划定范围

按照广东省“三线一单”工作开展流程，一般生态空间由省级生态环境部门组织技术专家开展全省生态系统服务重要性和生态环境敏感性评价后，确定全省生态空间格局，各地市在省生态环境部门划定的格局基础上，衔接各地发展现状和规划进行细化处理。

（2）肇庆市生态系统服务重要性、敏感性评价结果（生态空间总体格局）

根据广东全省生态系统服务重要性、敏感性统一评价结果，肇庆市生态空间以水源涵养、生物多样性维护和水土保持重要区为主，主要位于肇庆市鼎湖山、北岭山、十二带、龟顶山、烂柯山、螺壳山等区域性山体屏障和西江、绥江、贺江等主要江河流域。初步评价结果（包含 2018 年生态环境部划定的生态保护红线）总面积为 10 682.67 km^2，占国土总面积的 71.68%（图 3-14）。

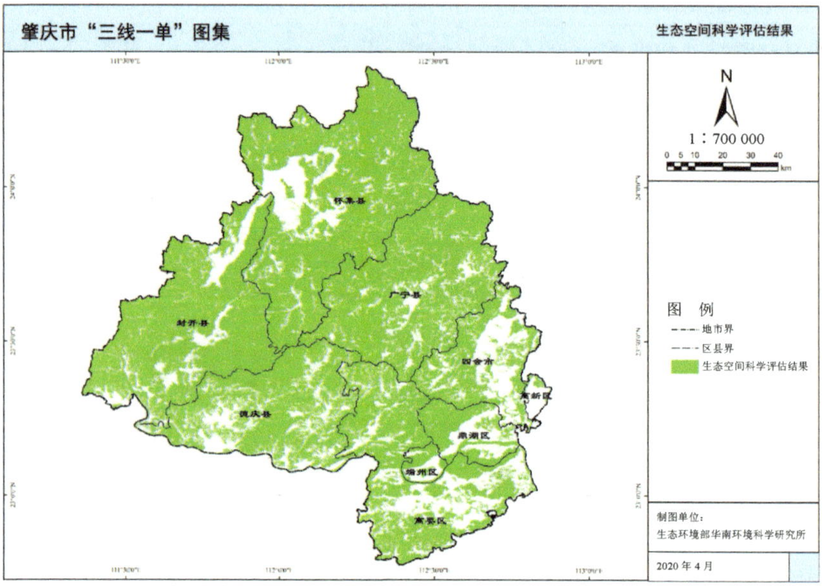

图 3-14　肇庆市生态空间初步评估结果

（3）肇庆市衔接扣减过程

1）衔接重点区域项目

在肇庆市生态空间科学评估结果的基础上，根据市自然资源、发展改革、工信等各部门提供的资料，进一步衔接采矿权、风电场、城镇开发边界、农业空间（现状与规划）、建设用地（集中连片的现状与规划城市、建制镇）、产业发展集聚区、重点平台、工业园区等现状与规划用地，将生态空间科学评估结果中与上述区域相重叠的部分调出（红线和禁止开发区范围内区域不调出）。其中，采矿权衔接肇庆市矿产资源总体规划数据库中矿产资源开发利用现状中的已设采矿权，包括 181 家矿山公司，总面积为 36.904 km^2；风电场根据地方提供资料共衔接 18 个选址斑块，总面积为 562.98 km^2；衔接国土空间总体规划阶段成果中划定的城镇开发边界 901.032 km^2，以及广东省下发的土地利用现状及规划数据库中建设用地和耕地、园地等农业用地；产业园区以广东省下发及地方提供的园区现状资料为依据，共衔接 7 个省级以上产业园区；重点平台衔接国土空间总体规划阶段成果中的 25 个重点发展平台。7 类项目总计衔接 918.576 km^2（图 3-15、图 3-16）。

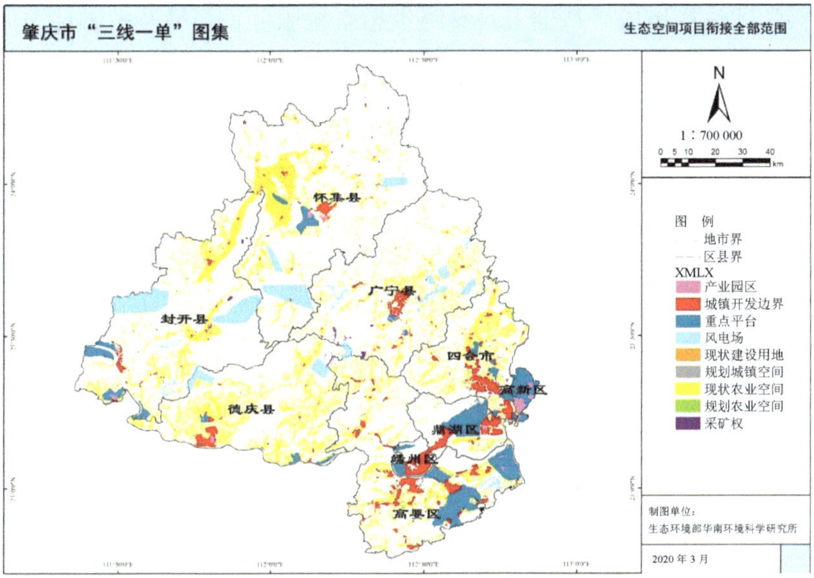

图 3-15　肇庆市生态空间衔接扣减项目全部范围

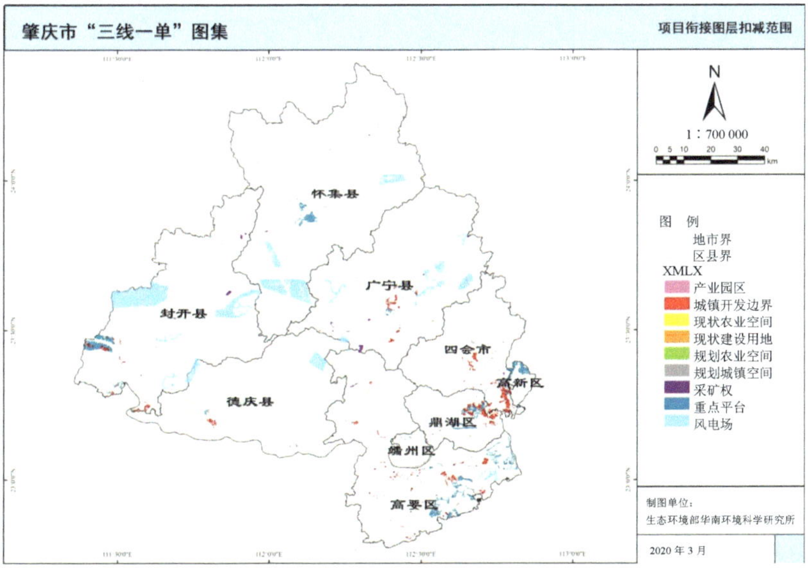

图 3-16　肇庆市生态空间衔接扣减项目调出范围

2）校核禁止开发区

在科学评估初步成果基础上，参照生态系统服务重要性及敏感性评估划定原则，将肇庆市饮用水水源保护区（共计 15 处范围）校核纳入一般生态空间管理。由于肇庆市自然保护地优化整合成果已全部纳入肇庆市最新生态保护红线管理范围，因此不再重复衔接自然保护地范围（图 3-17）。

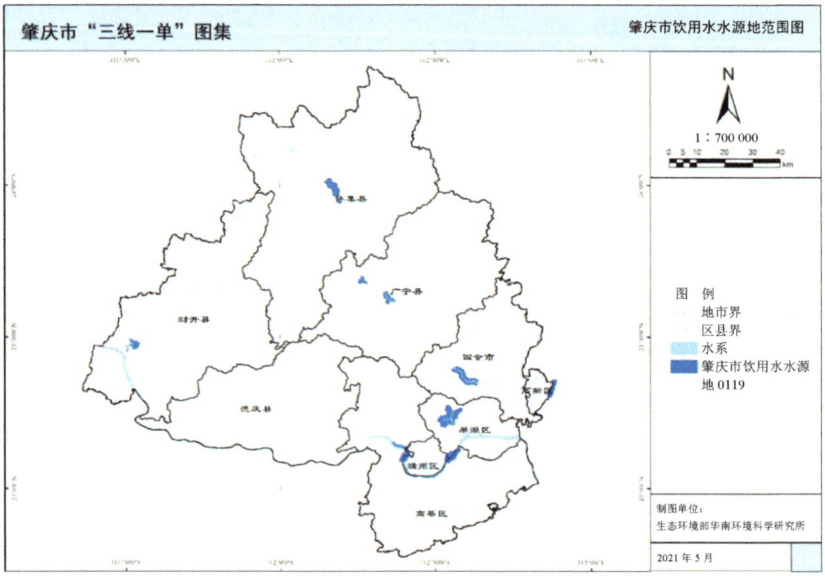

图 3-17　肇庆市饮用水水源地校核图

3）城市发展战略区域预留

考虑到肇庆地处珠三角核心区域，是粤港澳大湾区连接大西南的枢纽门户城市，未来城市发展对空间用地的需求仍相对较大，为促进地方经济发展与生态环境保护协调发展，为后续城市建设预留一定的弹性空间，“三线一单”生态管控分区划定中，在保障城市生态安全格局底线、严守生态保护红线和禁止开发区不受侵占的前提下，将全市城镇开发边界密集区域所在的村镇预留为城市发展留白区域，同时根据广东省对各市生态空间下发的比例要求，通过多轮现场走访调研和征求意见，持续收集肇庆市直部门和各区县的发展需求及城镇产业空间布局思路，将肇庆市最新版矿产资源规划中的采矿权和砂石土规划地块，以及各区县重点发展项目中与一般生态空间科学评估区域相冲突的范围调出优先保护区，不再纳入一般生态空间管理（表 3-2）。

表 3-2 肇庆市生态空间优化核减项目统计表（分行政区）

序号	行政区	项目类型
1	德庆县	现状建设用地、矿区、抽水蓄能电站、城镇开发边界、变电站、旅游项目、机场用地等
2	鼎湖区	景区开发及旅游项目、村镇等建设用地、高速路等交通项目、水源地整治、石矿区、产业园等
3	端州区	现状建设用地等其他已完善手续的规划用地
4	封开县	矿区、抽水蓄能电站、产业园、美丽乡村建设、产业园区、城镇开发边界等
5	高新区	水利设施、建设项目等
6	高要区	矿山、现状规划建设用地、农业用地、重大发展项目地块等
7	广宁县	重点矿区、工业用地、旅游项目、城市规划、乡村振兴规划等
8	怀集县	现状及已批已供地建设用地、广佛肇怀集产业转移园、怀集监狱等
9	四会市	城镇开发边界、矿区、风电场等
10	肇庆市	城镇开发边界、矿产资源规划等

4）边界及破碎斑块处理

在衔接校核生态空间之后，对生态保护红线和饮用水水源地外的一般生态空间进行破碎孤立斑块处理和边界优化，剔除面积小于 0.2 km^2 的碎斑和孤立斑块，以保证所划定生态空间的完整性和管理的可操作性与便利性。

（4）划定最终结果

通过对科学评估的生态空间进行重点区域与项目衔接、禁止开发区衔接校核、城市发展战略区域预留和边界破碎斑块处理后，得到肇庆市生态空间划定最终结果：肇庆市生态空间面积为 5 958.01 km^2，占全市国土总面积的 39.99%，其中生态保护红线面积为 2 863.18 km^2，一般生态空间为 3 094.83 km^2。具体见图 3-18。

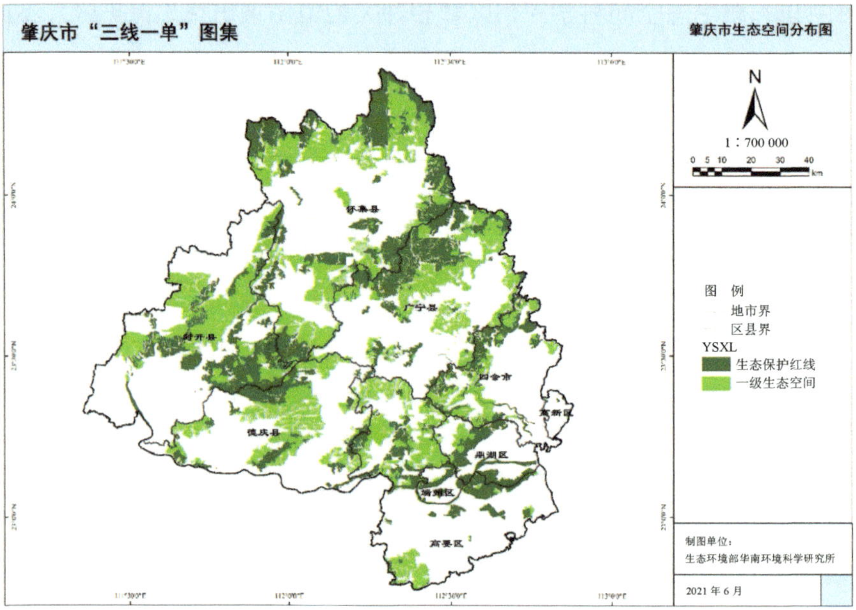

图 3-18　肇庆市生态空间划定最终结果

参考文献

Sharp R，Tallis H T，Ricketts T，et al. 2015. InVEST 3.2.0 User’S Guide[N/OL]. The Natural Capital Project，Stanford University，University of Minnesota，The Nature Conservancu，World Wildlife Fund，https：//naturalcapitalproject.stanford.edu/software/invest.

党虹. 2018. 基于 InVEST 模型的钩秤河流域土壤保持功能研究[J]. 兰州大学学报（自然科学版），54（5）：633-639.

黄从红. 2014. 基于 InVEST 模型的生态系统服务功能研究——以四川宝兴县和北京门头沟区为例[D]. 北京：北京林业大学.

李晶，周自翔. 2017. 关中—天水经济区生态系统服务研究[M]. 北京：科学出版社.

李彪. 2017. 基于 GIS 和 InVEST 模型的南流江流域生态系统服务评估[D]. 南宁：广西师范大学.

荣月静. 2015. 基于土地利用变化的南京市碳储量与生物多样性功能模拟[D]. 南京：南京信息工程大学.

王秀明，刘谞承，龙颖贤，等. 2020. 基于改进的 InVEST 模型的韶关市生态系统服务功能时空变化特征及影响因素[J]. 水土保持研究，27（5）：381-388.

赵梦雨. 2018. 基于景观格局变化的咸阳市生境质量演变研究[D]. 临汾：山西师范大学.

4

基于生态系统服务的生态安全格局与国土空间生态修复

本章按照生态源地—阻力面构建—生态廊道—生态节点的研究范式，通过生态系统服务重要性分析识别了生态源地，采用最小累积阻力模型、电路理论模型，识别了生态廊道、生态障碍点、生态夹点，识别了水土流失、石漠化敏感区，提出了广东省生态保护修复总体格局及修复策略。

4.1 研究方法和数据来源

4.1.1 生态安全格局构建

4.1.1.1 生态源地识别

生态源地是指维护区域生态安全和可持续发展必须加以保护的区域，是物种扩散、生态功能流动与传递的源点。本研究生态源地识别以生态系统服务重要性评价为基础，并利用热点分析法分析生态系统服务空间聚类特征，识别生态系统服务重要性较高的斑块作为生态源地。

热点这一概念是在 20 世纪 80 年代由 Norman Myers 提出的，最初是指物种的丰富度、特有物种分布和物种危险度比较大的区域，并主要应用于生物多样性优先保护区研究。GIS 平台提供了基于 Getis-Ord G_i^*统计指数的热点分析（hotspost analysis）工具。通过计算各个斑块之间的 Z 得分，可以直接在空间中反映高值区（热点区域）与低值区的集聚，Z 越高，说明热点区域的集聚越明显。其计算公式如下（王壮壮，2019）：

$$G_i^* = \frac{\sum_{j=1}^{n} w_{ij}x_j - \bar{X}\sum_{j=1}^{n} w_{ij}}{s\sqrt{\frac{\left(n\sum_{j=1}^{n} w_{ij}^2 - \sum_{j=1}^{n} w_{ij}\right)^2}{n-1}}}$$

$$\bar{X} = \frac{\sum_{j=1}^{n} x_j}{n}$$

$$S = \sqrt{\frac{\sum_{j=1}^{n} x_j^2}{n-1} - \left(\bar{X}\right)^2}$$

式中，G_i^* —— 空间自相关系数；

w_{ij} —— 斑块 i 与斑块 j 之间的空间权重矩阵；

x_j —— 斑块 j 的属性值；

$\bar{X}$ —— 所有属性值的平均值；

n —— 总斑块数；

S —— 所有属性值的标准差。

源地识别以第 3 章水源涵养、水土保持、碳储存重要性评价结果为基础，由于生境质量识别的生态保护区域过大，以广东省省级以上自然保护区范围作为生物多样性维护重点区域，其数据来自广东省生态环境厅资料。热点分析通过 ArcGIS 10.2 中的 Spatial Analyst-Mapping Clusters-hotspot analysis 实现，经过反复试验，研究区选择 3 000 m 半径进行热点分析效果较为理想。

4.1.1.2 阻力面构建

物种迁移扩散过程中需要穿越一定的“阻力”，通过设定由生态源地向其他景观单元扩散的最小阻力值，判断各景观单元到生态源地的可达性和连通性（王晓玉，2019）。

本研究以土地利用类型为基础，并基于夜间灯光数据、距建设用地距离修正阻力面，修正的阻力值如下：

$$R_i' = R_i \times \frac{\mathrm{NL}_i}{(\mathrm{NL}_{\max} - \mathrm{NL}_{\min})} \times S_i \times D_i$$

式中，R_i' —— 修正后的阻力值；

R_i —— i 栅格所属土地利用类型的阻力值；

NL_i —— i 栅格夜间灯光指数；

$\mathrm{NL}_{\max}$、$\mathrm{NL}_{\min}$ —— 研究区夜间灯光指数的最大值和最小值；

S_i —— i 栅格坡度对应的阻力系数；

D_i —— i 栅格距建设用地距离的阻力系数。

各景观阻力赋值见表 4-1。

表 4-1 景观阻力赋值

土地类型	阻力值	土地类型	阻力值	坡度	阻力系数	距建设用地距离/m	阻力系数
水田	80	滩涂	120	0°<slope≤15°	1.00	0～100	2.0
旱地	80	滩地	120	15°<slope≤20°	1.05	100～200	1.8
有林地	2	城镇用地	250	20°<slope≤25°	1.10	200～500	1.5
灌木林	4	农村居民点	150	25°<slope≤30°	1.20	500～1 000	1.3
疏林地	15	其他建设用地	280	30°<slope≤35°	1.40		
其他林地	20	沙地	180	35°<slope≤40°	1.60		
高覆盖度草地	10	盐碱地	180	40°<slope≤45°	1.80		
中覆盖度草地	20	沼泽地	180				
低覆盖度草地	30	裸土地	180				
河渠	200	裸岩石质地	180				
湖泊	200	海洋	250				
水库坑塘	180						

4.1.1.3 生态廊道模拟

生态廊道是保障生态源地之间能量和物质流动的通道，是保障生态过程、生态功能实现的关键生态用地（苏泳娴，2013）。目前生态廊道构建方法主要包括最小累积阻力模型（MCR）、电路理论模型。最小累积阻力模型认为物种迁移距离与穿越的景观阻力值的乘积即为迁移“成本”，累积成本最低的通道即为最优通道（Knaapen，1992）。电路理论模型用电子在电路中随机流动的特性来模拟物种在景观中的迁移扩散过程（McRae B H，2018），电流反映了游走者到达目标栖息地之前通过相应节点或路径的净迁移概率（宋利利，2016），因而电路理论识别的生态廊道是多个生物通过可能性较大的片区，而非唯一的阻力最小通道。

由于本研究区较大，电路理论模型运算所需时间过长，故利用基于最小累积阻力模型的 Linkage Mapper 模拟生态廊道，其运算步骤为：①计算源地间欧氏距离或加权成本距离（cost-weighted distance，CWD）以识别生态源地邻近斑块；②根据邻近生态源地创建源地网络，以确定在哪些源地斑块间可生成最小成本路径（least cost path，LCP）；③逐个源地计算加权成本距离和最小成本路径（McRae，B H，2011）。

4.1.1.4 生态节点识别

（1）生态障碍点

生态障碍点是指阻碍生物扩散移动的景观，移除这些区域会显著增加生态连通性（McRae B H，2007）。本研究利用 Linkage Mapper 工具箱中的 Barrier Mapper 识别生态障碍点。该工具通过设定一定半径的移动搜索窗口，逐栅格计算生态廊道上各点清除后（将其阻力值设定为 1）到达该廊道连接的两个生态源地间的最小成本距离（least cost distance，LCD′），并计算其相比原始最小成本距离的减少量。一般通过计算 LCD′与初始值的改进得分作为识别障碍点的定量指标。障碍点清除后最小成本距离的计算公式如下（McRae B H，2012）：

$$\mathrm{LCD}' = \mathrm{CWD1}_{\min} + \mathrm{CWD2}_{\min} + L \times R'$$

式中，LCD′ —— 障碍移除后通过焦点栅格最佳路径的最小成本距离；

$\mathrm{CWD1}_{\min}$、$\mathrm{CWD2}_{\min}$ —— 分别为搜索窗口到源地 1 和源地 2 的最小累积阻力值；

L —— 搜索窗口的最长轴长度；

R' —— 替代障碍物的特征阻力值，设定为 1。

（2）生态夹点

生态夹点是廊道中电流密度较大的区域，代表了影响整个景观连接度的“瓶颈”地区，对维持整个网络的连接性非常重要。夹点的形成往往是由于周边地区的阻力值较大，廊道在夹点地区被压缩在了相对狭窄的范围内。本研究利用Linkage Mapper 工具箱中的 Pinchpoint Mapper 识别生态夹点，该工具通过调用电路理论模型 Circuitscape 计算斑块间电流密度，电流密度较大的区域生物迁移概率大但受周围干扰大，因而需对周边区域进行修复。

利用 Circuitscape 工具成对模式两两计算源地间电流密度，计算时将其中一个生态源地任意连接到一个 1 A 的电源，而其他源地将被接地（设定为物种在该源地停留，不再继续扩散），电阻将迭代地对所有成对源地进行计算，计算后生成电流密度叠加图（McRae B H，2012；McRae B H，et al.，2011）。

4.1.2 生态系统敏感性评价

根据《生态保护红线划定技术指南》，生态系统敏感区是指对外界干扰和环境变化具有特殊敏感性或潜在自然灾害影响的区域。陆地生态系统敏感性主要包括水土流失敏感性、土地沙化敏感性、石漠化敏感性，考虑到广东省气候湿润、冬春季无沙尘天气，土地沙化敏感性较低，因而仅分析研究区水土流失敏感性、石漠化敏感性，并将敏感性处于前 20%的区域作为生态敏感区。

4.1.2.1 水土流失敏感性

（1）研究方法

根据《生态保护红线划定技术指南》及原国家环保总局发布的《生态功能区划技术暂定规程》，水土流失敏感性由降水侵蚀力、土壤可蚀性、坡长坡度和地表植被覆盖度等指标决定，公式如下：

$$\mathrm{SS}_i = \sqrt[4]{R_i \times K_i \times \mathrm{LS}_i \times C_i}$$

式中，SS_i —— 水土流失敏感性；

R_i —— 降水侵蚀力；

K_i —— 土壤可蚀性；

LS_i —— 坡长坡度；

C_i —— 地表植被覆盖度。

（2）数据来源及预处理

计算过程及数据来源均与 3.1.2 节水土保持服务重要性一致，不再赘述。

4.1.2.2 石漠化敏感性

（1）研究方法

石漠化敏感性主要由是否有碳酸岩分布、地形坡度和地表植被覆盖度决定，其计算公式如下：

$$S_i = \sqrt[4]{D_i \times P_i \times C_i}$$

式中，S_i —— 石漠化敏感性指数；

D_i —— 碳酸岩出露面积百分比；

P_i —— 地形坡度；

C_i —— 植被覆盖度。

（2）数据来源及预处理

由于缺乏碳酸岩出露面积百分比数据，本研究采用广东省水文地质图中碳酸盐岩类裂隙岩溶含水岩组分布区域作为碳酸岩分布区域。

地形坡度数据以 DEM 数据为基础，通过 ArcGIS 中的 slope 分析得到。

植被覆盖度（C_i）数据同 3.1.2 节。

4.2 生态安全格局构建结果

4.2.1 生态源地

对研究区多年水源涵养、土壤保持、碳储存功能平均值进行热点分析(图 4-1)，提取 90%以上置信区间的热点区域，并删除 1 km^2 以下的碎小斑块，得到源地斑块 560 个。为便于进行下一步廊道模拟，参考吴茂全等（2019）的研究，根据斑块面积阈值与其累计面积占比及斑块数量关系（图 4-2），选择面积 100 km^2 以上的斑块时，其累计面积占比达到 80%以上，能够代表生态源地的整体格局。研究区生态源地共 83 个斑块，总面积为 52 740.65 m^2，占研究区总面积的 29.2%，主要分布在粤北青云山、九连山、起微山、罗浮山，粤东莲花山，粤西云雾山、天露山等山地区域。

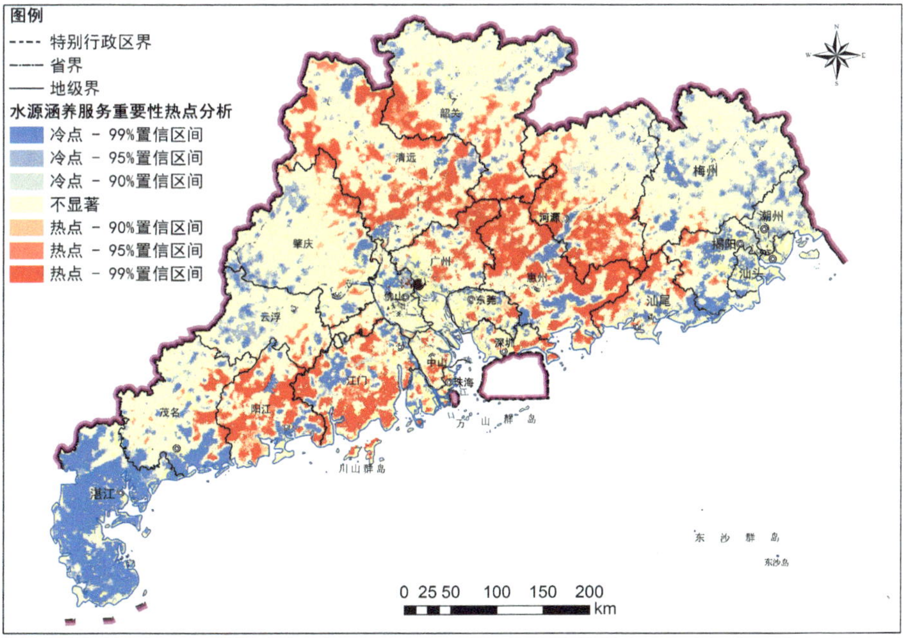

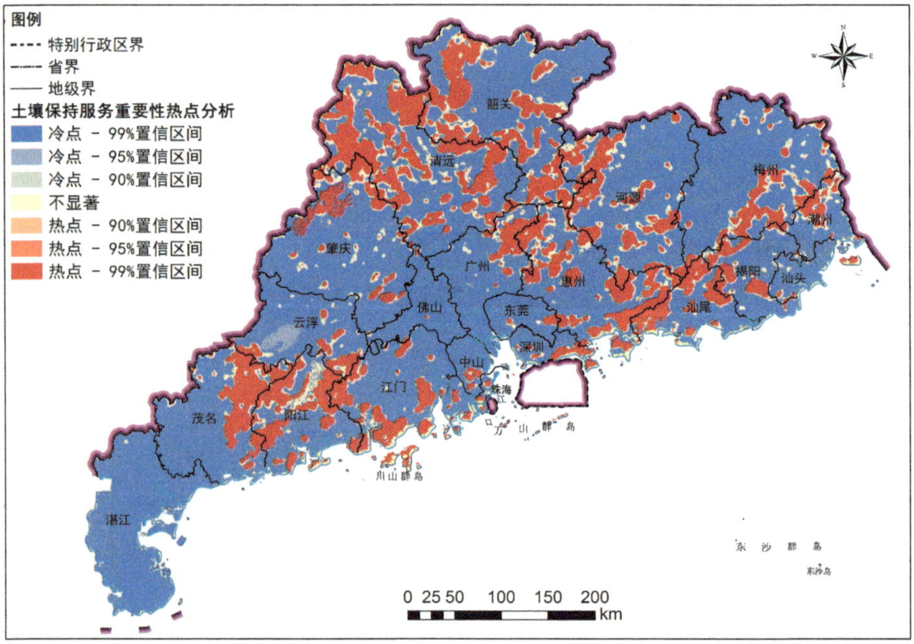
图例
特别行政区界
省界
地级界
土壤保持服务重要性热点分析
冷点 - 99%置信区间
冷点 - 95%置信区间
冷点 - 90%置信区间
不显著
热点 - 90%置信区间
热点 - 95%置信区间
热点 - 99%置信区间
韶关
清远
梅州
河源
潮州
肇庆
广州
惠州
揭阳
汕头
汕尾
佛山
东莞
云浮
深圳
中山
江门
珠海
茂名
阳江
万山群岛
川山群岛
湛江
东沙群岛
东沙岛
0 25 50 100 150 200
km

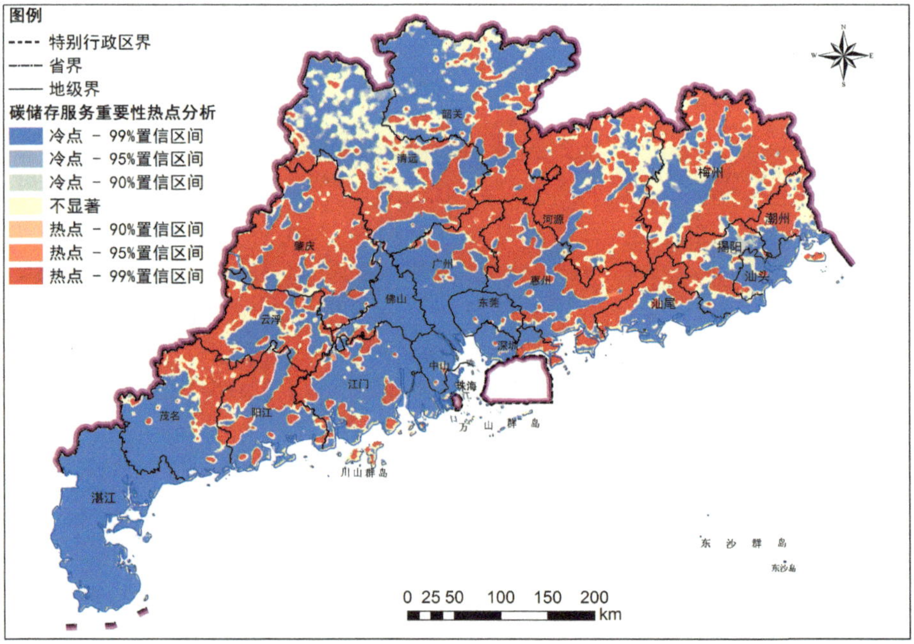
图例
特别行政区界
省界
地级界
碳储存服务重要性热点分析
冷点 - 99%置信区间
冷点 - 95%置信区间
冷点 - 90%置信区间
不显著
热点 - 90%置信区间
热点 - 95%置信区间
热点 - 99%置信区间
韶关
清远
梅州
河源
潮州
肇庆
揭阳
广州
汕头
惠州
汕尾
佛山
东莞
云浮
深圳
中山
江门
珠海
茂名
阳江
万山群岛
川山群岛
湛江
东沙群岛
东沙岛
0 25 50 100 150 200
km

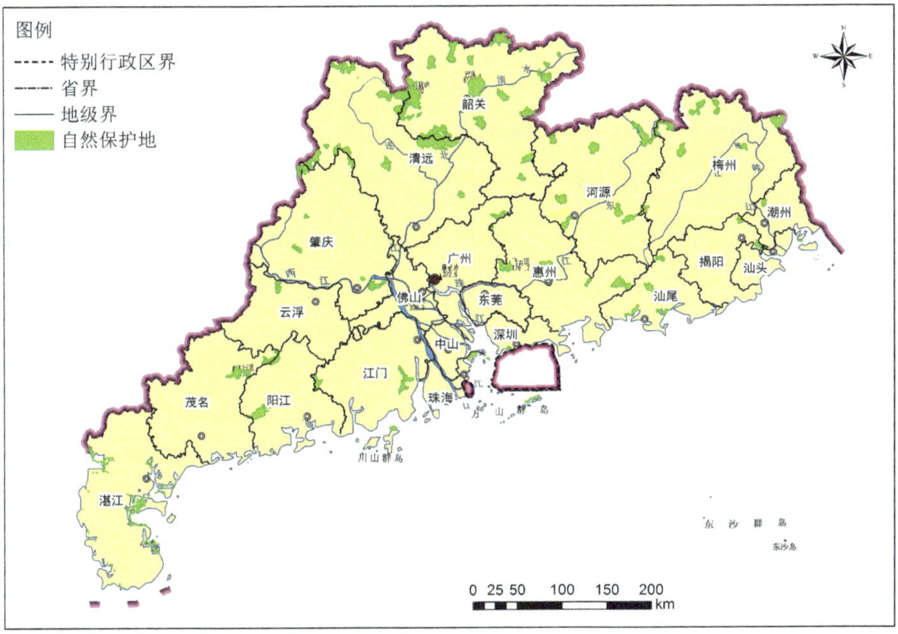

图 4-1 水源涵养、土壤保持、碳储存服务重要性热点分析结果及自然保护地分布

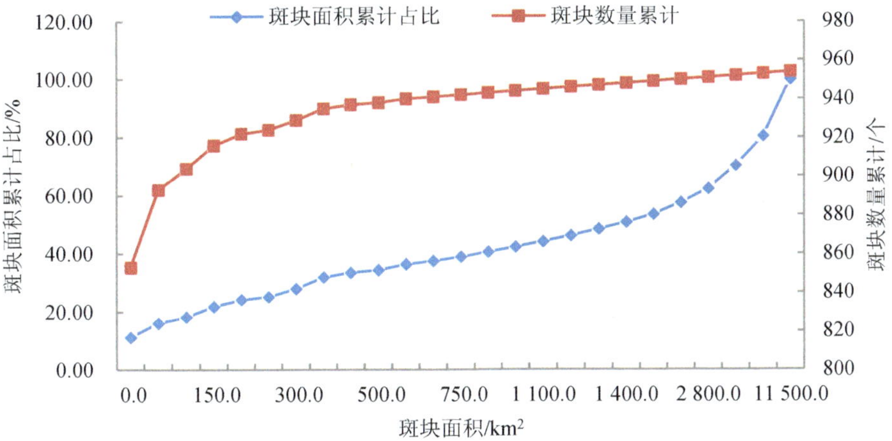

图 4-2 生态源地斑块面积分布区间

4.2.2 生态廊道

利用 Linkage Mapper 识别得到研究区潜在生态廊道共 77 条，总长度 1 856.3 km。按照自然断点法将廊道阻力值进行分类（图 4-3），得到阻力较小的廊道 20 条，主要分布在韶关、河源、梅州、惠州等地，其景观类型以林地、草地为主，该类廊道阻力小，对源地连接起重要作用，未来需要重点保护。阻力极大的廊道 4 条，主要分布在珠海、中山，主要是由于该区域景观基质为耕地，且水网交织，该类廊道连接生态源地、促进生态过程实现的作用较弱。江门市的上下川岛、汕头市的南澳岛均由于海域阻隔而成为生态“孤岛”。

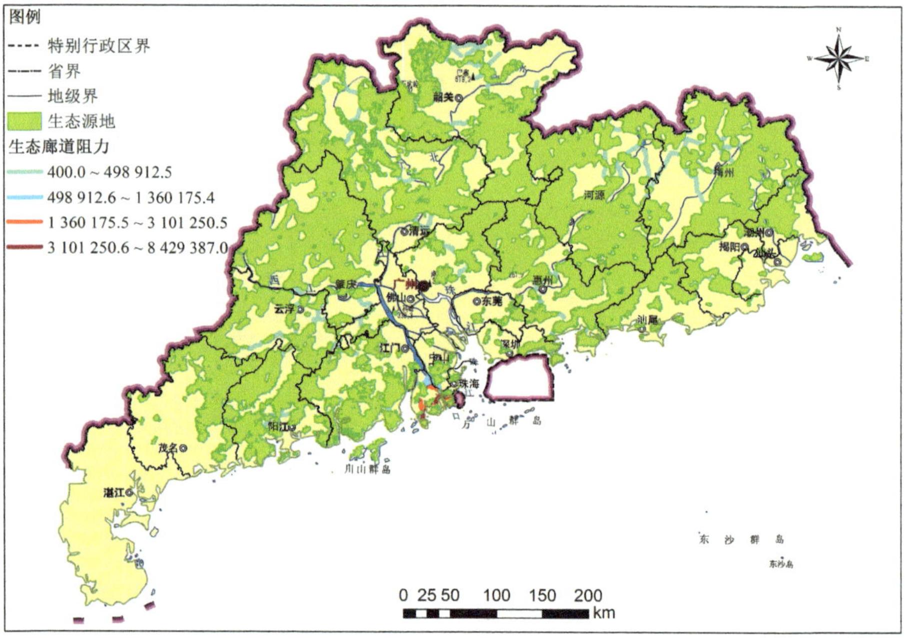

图 4-3 研究区生态廊道识别结果

4.2.3 生态节点

（1）生态障碍点

通过设定不同的移动搜索窗口半径，Linkage Mapper 工具可探测不同大小的障碍区。小半径可搜索高速公路等狭窄障碍区，大半径可搜索耕地等障碍区或两个平行的狭窄障碍区。本研究利用 Linkage Mapper 分别计算 100 m、500 m、1 000 m、2 000 m 半径下研究区生态障碍区，得到各搜索半径下移动窗口中心点及整个移动窗口圈内最小成本距离减少的绝对值和百分比，其中阻力值减少绝对值越大表示该区域阻力越大，百分比越大则表示该区域修复后对该廊道连通性提升的幅度越高。本研究将整个移动搜索窗口内改进得分的百分比按照自然断点法分为三个区间，改进得分百分比最高的区域作为障碍区，结果如图 4-4 所示。

比较不同搜索半径下障碍区识别结果的差异（图 4-4e），主要有两种情况：一是小搜索半径下的障碍区位于大搜索半径障碍区内部，如图 4-4e 所示中山市中南部障碍区，该类情形下，小半径下识别障碍区是影响生态廊道连通性的核心区域，对其进行修复可以以最小的用地面积最大幅度提高生态连通性；二是不同搜索半径识别的障碍区不重叠，如图 4-4e 所示江门市西部和东部障碍区，主要是由于西部障碍点较小，大半径识别时整个搜索窗口内改进得分提高幅度并不高因此未能识别。

100 m 搜索半径识别了小面积的水域、耕地、建设用地等障碍点，障碍点内也有一定的林地等低阻力区，说明实际的障碍区面积可能更小。500 m 搜索半径下障碍区共 86 处，总面积为 44 202 hm^2，面积较大的主要是西江、北江、韩江、东江等河流障碍点，江门、中山、广州、惠州分布有较大面积的建设用地障碍区，阳江、江门有较大面积的耕地障碍区。1 000 m、2 000 m 搜索半径下识别结果与 500 m 搜索半径整体一致。由于本研究土地利用类型数据分辨率为 100 m，因此未能识别交通道路等障碍点。将交通道路与生态廊道叠加，得到研究区道路障碍点 339 个。综合 100 m、500 m 搜索半径及道路障碍点识别结果，得到研究区障碍点共387处，总面积442.71 km^2。

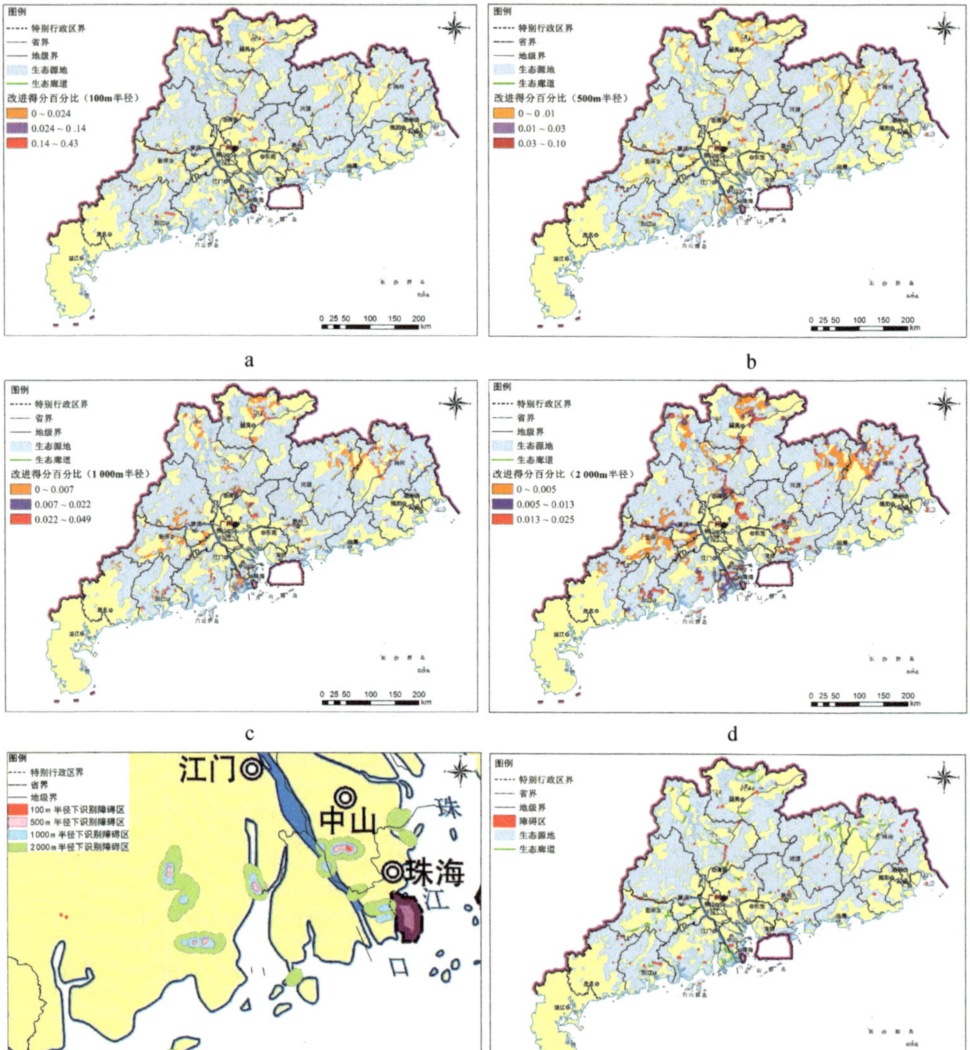

注：a～d：不同搜索半径下改进得分百分比分布图；e：不同搜索半径下障碍点识别结果对比（局部）；f：障碍点识别最终结果。

图4-4 不同搜索半径下研究区生态障碍点识别结果

（2）生态夹点

利用 Pinchpoint Mapper 计算得到廊道上各点的电流密度如图 4-5 所示。按照自然断点法将电流密度分为 5 个等级，电流密度最高的区域即为夹点。可见，研究区生态夹点主要分布在清远、云浮、江门、珠海、河源、梅州等地，总面积为 9.13 km^2。夹点形成的主要原因是该区域生物通过的概率大，但其周边一定范围内分布着阻力较高的耕地等景观，因而被压缩在较窄的区域内。本研究识别夹点周边高阻力景观包括耕地、灌木林、其他林地及河流、建设用地，且在夹点周边缓冲半径越大的范围内，建设用地等高阻力景观面积占比增加的幅度越大。

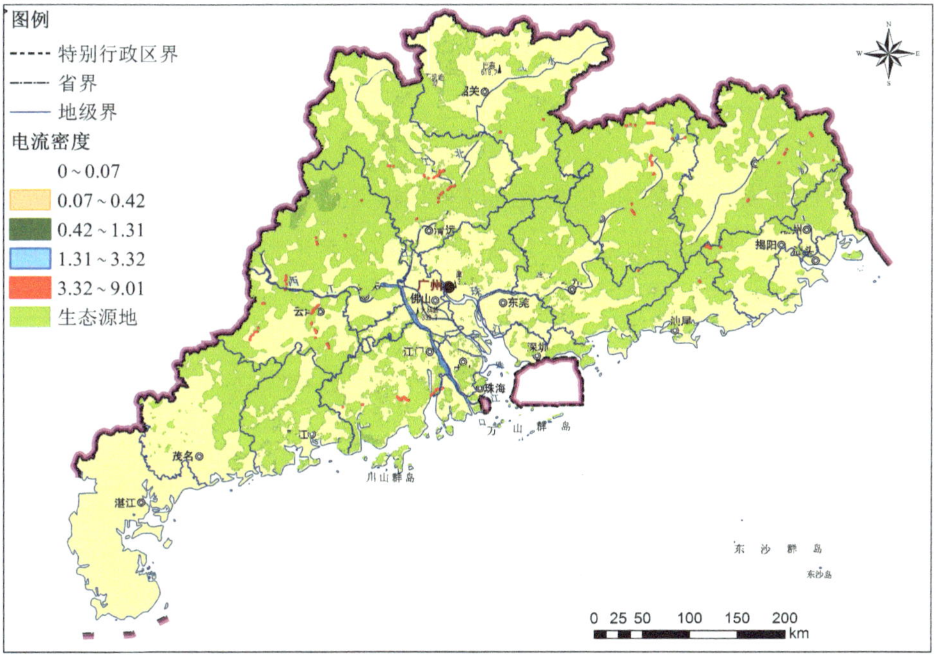

图 4-5　研究区生态夹点识别结果

4.3 生态系统敏感性评价结果

4.3.1 水土流失敏感性评价

研究区水土流失敏感区总面积为 3 906.13 km^2，主要分布在韶关、清远、梅州、河源、云浮、茂名等地的山地区域。

4.3.2 石漠化敏感性评价

石漠化敏感区与研究区碳酸岩分布一致，主要分布在清远、韶关、云浮、阳江等地，总面积为 679.48 km^2。

4.3.3 生态敏感区识别结果

将水土流失敏感区和石漠化敏感区融合后得到生态敏感区总面积为 4 302.48 km^2，其土地利用类型主要是耕地和植被覆盖度较低的林地、草地（图 4-6）。

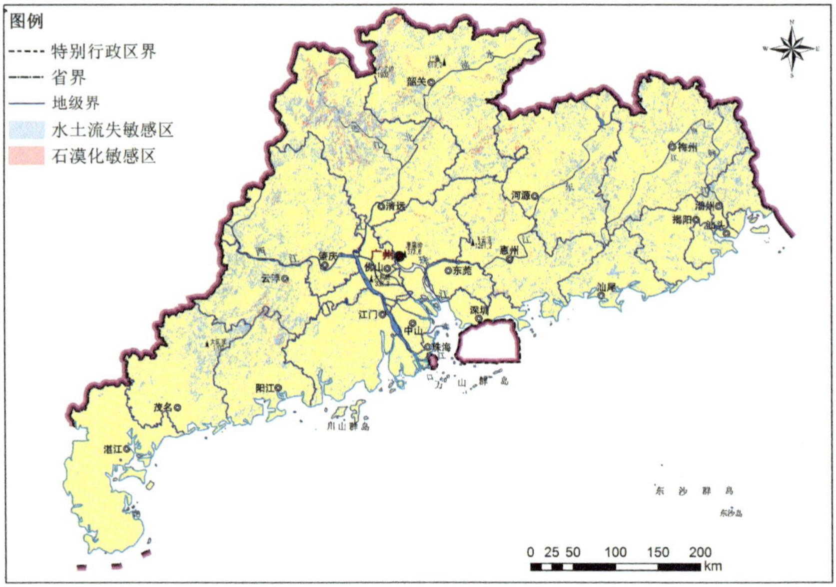

图 4-6 研究区生态敏感区识别结果

4.4 生态保护修复格局及策略

4.4.1 生态保护修复格局

综合上述研究结果，以生态源地、生态廊道为生态保护重点区域，以生态障碍点、生态夹点、生态敏感区为生态修复重点区域。

广东省生态保护重点区域包括：①生态源地 5.27 万 km^2，主要分布在粤北青云山、九连山、起微山、罗浮山山脉，粤东莲花山山脉，粤西云雾山、天露山山脉等。②研究区潜在生态廊道共 138 条，总长度 2 750 km。其中阻力较小的廊道主要分布在韶关、河源、梅州、惠州等地，景观类型以林地、草地为主，对源地连接起重要作用。阻力较大、极大的廊道主要分布在肇庆、云浮、江门、阳江、珠海、中山，主要是由于周边景观基质为耕地，且水网交织，该类廊道连接生态源地、促进生态过程实现的作用较弱。

广东省生态修复重点区域包括：①生态障碍点 387 处，主要分布在肇庆、云浮、河源、梅州等地，类型包括耕地、水域、城镇、道路等。②生态夹点总面积 913 hm^2，主要分布在清远、云浮、江门、珠海、河源、梅州等地。未来应通过空间规划途径实现重要源地和生态廊道保护，对各类生态障碍点采取针对性修复措施，加强生态夹点周边空间管控，实施点线面相结合的生态体系修复。③生态敏感区，包括水源涵养、石漠化敏感区共 4 302.48 km^2。④青云山、九连山、起微山等重要生态源地内部分生态退化区域（图 4-7）。

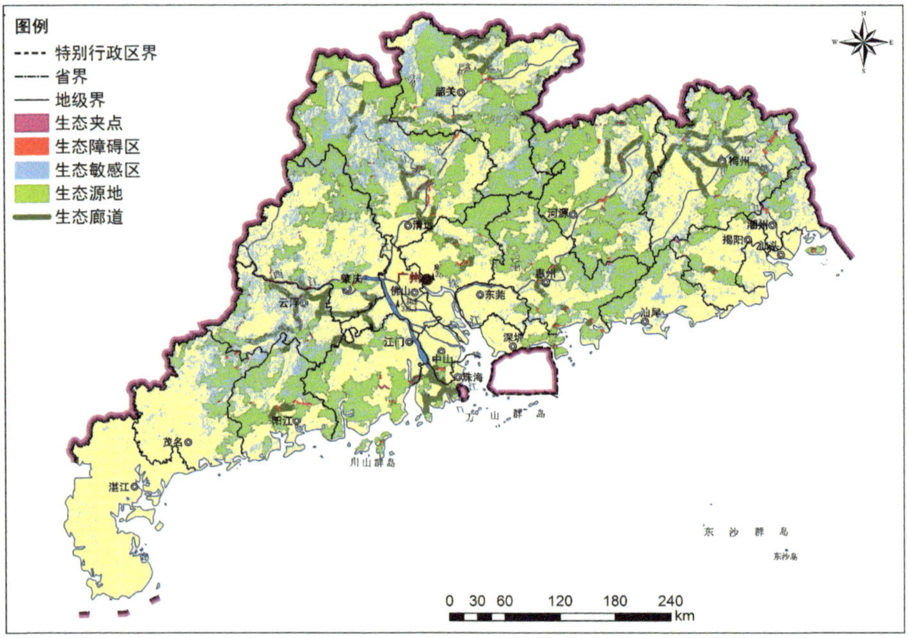

图 4-7 广东省生态保护修复格局

4.4.2 生态保护修复策略

（1）加强监管，保障生态安全

以生态源地和生态廊道为重点，完善广东省和珠三角地区生态安全格局规划。结合国家及地方“十四五”相关规划编制，通过调整红线、增设或整合自然保护地等方式，扩大起微山、罗壳山、滑石山、罗浮山等重要生态源地保护范围。衔接国土空间规划、“三线一单”等相关工作，将重要生态廊道纳入生态控制区、一般生态空间；严格控制城镇发展区域范围，防止建设用地无序扩张。结合“绿盾”行动、中央环保督察等工作，加强生态保护红线和自然保护地等生态空间的监管，保障生态安全。

（2）分区修复，确定优先次序

研究区存在诸多生态历史遗留问题，生态修复工作难以全面实施，因此有必要明确重点修复区域及其修复优先次序。生态修复优先区域的确定，不同研究区域存在差别，如综合考虑生物多样性变化、气候变化减缓和修复成本等多准则优化的最优区域（Strassburg B B N，2020），生态保护与经济发展明显冲突的区域（刘世梁，2019），生态屏障区和生态退化区域。考虑到实施的可行性，建议对接现有生态空间管控、生物多样性维护等法规要求，将生态保护红线、自然保护地、重点生态功能区等各类法定保护区域列为优先修复区域；位于国土空间规划划定的生态控制区、“三线一单”划定的一般生态空间中的珍稀濒危保护物种集中分布区、自然保护小区、红树林、风水林、重要湿地等，宜作为次优级区域，加强生态修复；其他区域的生态障碍点、生态夹点、生态敏感区等，应列入远期规划，逐步推进生态修复。

（3）分类实施，明确修复重点

根据生态保护修复重点区域识别结果，结合国土空间修复相关规划，针对不同类型区域的生态问题，分类实施生态修复工程。①部分重要生态源地，如青云山、九连山、起微山、莲花山等，存在部分低质量林地、草地及耕地，未来应以自然恢复为主，实施封育保护、退耕还林还草，减少人类扰动，保护珍稀濒危特有物种及其栖息地。②重要生态障碍点和生态夹点，修复以人工干预为主，林地可通过林分改造、抚育等方式，提高自然度和多样性；水域可建设护岸林带和碧道体系，降低景观阻力或提供周边可替代的低阻力廊道；耕地宜开展退耕还林还草，营造适宜生境，恢复生态连通性；城镇应强化公园等绿地系统的保护与建设，通过线性空间串联成网（宫清华，2020），提高生态系统连续性；道路则应加强防护林带建设与保护，预留野生动物通道。③水土流失和石漠化生态敏感区，需科学推进水土流失综合治理，实施植树造林、陡坡地退耕还林、坡耕地梯田改造等植被、工程和耕作措施，防范自然灾害风险。

参考文献

Knaapen J P，Scheffer M，Harms B. 1992. Estimating habitat isolation in landscape planning[J]. Landscape and Urban Planning，23（1）：1-16.

McRae B H，D M Kavanagh. 2011. Linkage Mapper Connectivity Analysis Software[N/OL]. The Nature Conservancy，Seattle WA. Available at：http：//www.circuitscape. org/linkagemapper.

McRae B H，Beier P. 2007. Circuit theory predicts gene flow in plant and animal populations. Proceedings of the National Academy of Sciences of the United States of America，104（50）：19885-19890.

[4] McRae B H，Dickson B G，Keitt T H，et al. 2008. Using circuit theory to model connectivity in ecology，evolution，and conservation[J]. Ecology，89（10）：2712-2724.

McRae B H，Shah V B. 2011. Circuitscape user guide[N/OL]. ONLINE. The University of California，Santa Barbara. Available at：http：//www.circuitscape.org.

McRae B H，Hall S A，Beier P，et al. 2012. Where to restore ecological connectivity？Detecting barriers and quantifying restoration benefits[J]. PLoS One，7（12）：e52604.

Strassburg B B N，Iribarrem A，Beyer H L，et al. 2020. Global priority areas for ecosystem restoration[J]. Nature，586（7831）：724-729.

宫清华，张虹鸥，叶玉瑶，等. 2020. 人地系统耦合框架下国土空间生态修复规划策略——以粤港澳大湾区为例[J]. 地理研究，39（9）：2176-2188.

刘世梁，董玉红，孙永秀，等. 2019. 基于生态系统服务提升的山水林田湖草优先区分析——以贵州省为例[J]. 生态学报，39（23）：8957-8965.

宋利利，秦明周. 2016. 整合电路理论的生态廊道及其重要性识别[J]. 应用生态学报，27（10）：3344-3352.

苏泳娴，张虹鸥，陈修治，等. 2013. 佛山市高明区生态安全格局和建设用地扩展预案[J]. 生态学报，33（5）：1524-1534.

吴茂全，胡蒙蒙，汪涛，等. 2019. 基于生态安全格局与多尺度景观连通性的城市生态源地识别[J]. 生态学报，39（13）：4720-4731.

王壮壮，张立伟，李旭谱，等. 2019. 流域生态系统服务热点与冷点时空格局特征[J]. 生态学报，39（3）：823-834.

王晓玉，冯喆，吴克宁，等. 2019. 基于生态安全格局的山水林田湖草生态保护与修复[J]. 生态学报，39（23）：8725-8732.

5

生态系统服务时空变化与生态功能评估

本章分析了 2000—2020 年广东省水源涵养、水土保持、生物多样性维护、碳储存、洪水调蓄、空气净化、气候调节 7 项服务时间变化趋势，并分析了影响服务时间变化的主要因素。

5.1 研究方法和数据来源

水源涵养、水土保持、生物多样性维护、碳储存评价方法与 3.1 节一致，不再赘述。由于评价对象为不同年度生态系统服务变化情况，仅在相关基础数据输入时采用当年数据，主要包括土地利用分类数据、年降水量数据、年潜在蒸散量、年降水侵蚀力。同时，为全面评估生态系统服务变化，本节在 4 类生态服务的基础上，增加了洪水调蓄、空气净化、气候调节 3 类服务时空变化。由于本书仅研究了三个年度生态系统服务，因而采用简单的趋势对比法分析其与相关因素变化趋势的一致性，比较了同等气候调节下不同年度部分服务的变化趋势，以此分析主要的影响因素。

5.1.1 水源涵养

采用修正的 InVEST 模型计算，详见 3.1 节。所需数据包括 2000 年、2010 年、2020 年土地利用分类数据、年降水量栅格图层、年参考蒸散量数据等。各年度土地利用数据来自中国科学院资源环境数据平台，详见 2.2 节；各年度降水量数据来源于中国科学院资源环境科学数据中心中国 1980 年以来逐年年降水量空间插值数据集，其中 2020 年年降水量数据来源于地球系统科学数据平台“中国及周边地区 1 km 分辨率月降水量数据集（2018—2020 年）”，并统一坐标系和投影后得到年降水量栅格图层。年参考蒸散量数据来自美国国家航空航天局 MOD16A3 数据，利用 Modis Projection Tools 软件进行投影转换，并利用 ArcGIS 处理异常值后得到栅格图层。其他参数同 3.1.1 节。

5.1.2 土壤保持

采用水土流失方程计算，详见 3.1 节。所需数据包括三个年度降水侵蚀力数据，其中 2000 年、2005 年、2010 年、2015 年降水侵蚀力按照以下公式直接计算

各气象站 R 值，并经过克里金插值后得到年降水侵蚀力图层。降水量数据来源于国家气象科学数据中心研究区周边 86 个气象站逐日数据。2019 年降水侵蚀力基于地球系统科学数据平台“中国及周边地区 1 km 分辨率月降水量数据集（2018—2020 年）”月降水量栅格图层，按照以下公式计算直接得到降水侵蚀力栅格图层。

$$R_x = \sum_{i=1}^{12} 1.735 \times 10^{\left(1.5\log\frac{P_{ix}^2}{P_x}\right)-0.8188}$$

式中，R —— 降水侵蚀力；

P_x —— 月降水量。

5.1.3 生物多样性维持

（1）研究方法

本研究利用 InVEST 模型生境质量模块计算研究区生境质量，以表征生物多样性维护功能。生境质量模块结合土地覆被和生物多样性威胁因素生成生境质量地图，计算公式如下：

$$Q_{x,j} = H_j \times \left(1 - \frac{D_{x,j}}{D_{x,j} + k}\right)$$

式中，$Q_{x,j}$ —— 生境类型 j 中栅格 x 的生境质量；

H_j —— 生境类型 j 的生境适宜度；

$D_{x,j}$ —— 生境类型 j 栅格 x 的生境胁迫水平。

（2）数据来源及预处理

1）威胁源

以耕地和建设用地作为威胁源，通过提取 2020 年度土地利用现状图层中水田、旱地、城镇建设用地、农村居民点、其他建设用地图层得到。

2）威胁源的威胁距离、生境质量及其对威胁源的敏感性

参考 InVEST 模型指南及荣月静（2015）、黄从红（2014）、赵梦雨等（2018）

的研究成果，威胁距离、生境质量及其对威胁源的敏感性如表 5-1 和表 5-2 所示。

表 5-1 威胁源的威胁距离、权重、衰退相关性

THREAT	MAX_DIST	WEIGHT	DECAY
farmlan11	5	0.5	linear
farmlan12	5	0.5	linear
used51	12	1	exponential
used52	10	1	exponential
used53	14	1	exponential

表 5-2 生境质量及其对威胁源的敏感性

	生境质量	水田	旱地	城镇建设用地	农村居民点	其他建设用地
水田	0.5	0	0	0.35	0.3	0.35
旱地	0.5	0	0	0.35	0.3	0.35
有林地	0.9	0.7	0.7	0.8	0.75	0.8
灌木林	0.8	0.45	0.45	0.5	0.45	0.5
疏林地	0.7	0.4	0.4	0.45	0.4	0.45
其他林地	0.6	0.35	0.35	0.4	0.35	0.4
高覆盖度草地	0.8	0.3	0.3	0.35	0.3	0.35
中覆盖度草地	0.7	0.4	0.4	0.45	0.4	0.45
低覆盖度草地	0.6	0.35	0.35	0.4	0.35	0.4
河渠	0.7	0.7	0.7	0.75	0.7	0.75
湖泊	0.7	0.7	0.7	0.75	0.7	0.75
水库坑塘	0.6	0.7	0.7	0.75	0.7	0.75
滩涂	0.6	0.7	0.7	0.75	0.7	0.75
滩地	0.6	0.7	0.7	0.75	0.7	0.75
城镇用地	0	0	0	0	0	0
农村居民点	0	0	0	0	0	0

	生境质量	水田	旱地	城镇建设用地	农村居民点	其他建设用地
其他建设用地	0	0	0	0	0	0
沙地	0	0	0	0	0	0
盐碱地	0	0	0	0	0	0
沼泽地	0	0	0	0	0	0
裸地	0	0	0	0	0	0
其他	0	0	0	0	0	0
海洋	0.7	0.7	0.7	0.75	0.7	0.75

5.1.4 碳储存

以 NPP 评价固碳释氧功能，NPP 数据来自美国国家航天局 MOD17A3 数据。

5.1.5 洪水调蓄

（1）评价方法

参考《生态保护红线监管技术规范 生态功能评价（试行）》，湖泊和沼泽湿地是洪水调蓄的主要生态系统类型，可以在时间和空间上对洪水进行再分配，过量的水分被储存在土壤中或以地表水的形式保存，从而减轻洪水对下游水系的威胁，减少洪水带来的损失。洪水调蓄量包括湖泊和沼泽湿地洪水调蓄量。

$$C_f = C_l + C_w$$

式中，C_f——洪水调蓄总量，m^3；

C_l——湖泊的洪水调蓄量，m^3；

C_w——沼泽湿地的洪水调蓄量，m^3。

湖泊的洪水调蓄量（C_l）通常采用湖泊最高水位与起调水位之间的蓄水量之差表示，如果当地湖泊的洪水调蓄量没有相关数据，可通过湖面面积计算，其中东部平原湖区计算公式如下：

$$\ln(C_1 \times 10^{-4}) = 1.128 \times \ln(A \times 10^{-6}) + 4.924$$

式中，A —— 湖面面积，m^2。

沼泽湿地洪水调蓄量（C_w）通过单位面积洪水调蓄量与沼泽湿地面积的乘积估算，计算公式如下：

$$C_w = R_w \times A_w$$

式中，A_w —— 沼泽湿地面积，m^2，沼泽湿地包括乔木湿地、灌木湿地和草本湿地等；

R_w —— 单位面积沼泽湿地的洪水调蓄量，m^3/m^2，优先结合各地实测数据、涉及评估及邻近区域的已有相关文献作为参考，无具体数值的，可参考《中国沼泽研究》的研究结果，即取 2.47 m^3/m^2。

（2）数据来源

研究需要的湖库水面面积、沼泽湿地面积均采用研究区遥感解译的土地利用分类数据。

5.1.6 空气净化

（1）评价方法

空气净化功能主要考虑植被滞尘作用，考虑到 2014 年以后生态环境部门才将 $PM_{2.5}$ 作为常规监测指标，本研究以 PM_{10} 评价滞尘作用。利用 Nowak（2013）、刘文平等（2016）的研究方法，植被滞尘量计算公式如下：

$$Y_{PM_{10}} = v \times d \div 30 \times \mathrm{LAI} \times C \times (1-r) \times t$$

式中，$Y_{PM_{10}}$ —— 单位土地面积内植被的滞尘量，g/（$m^2 \cdot d$）；

v —— 污染物 $PM_{2.5}$ 沉降到叶表面的速率，cm/s；

d —— 污染物 $PM_{2.5}$ 浓度，μg/m^3；

$v \times d$ —— 区域干沉降通量，g/（m^2·月）；

C —— 植被覆盖度；

r—— 植被滞尘同时向空气中的返还率；

t—— 滞尘时间，s，计算每天平均净化量时，*t* 为 24×3 600。

（2）数据来源

1）干沉降通量数据

2000 年、2010 年广东省各地市干沉降通量、PM_{10} 年均浓度、总悬浮颗粒物年均浓度来自《广东省环境质量报告书》。2018 年干沉降通量利用 2000 年、2010 年各地干沉降速率的平均值与该年度 PM_{10} 浓度的乘积计算获得（表 5-3）。

表 5-3 各地市各年度干沉降通量数据 单位：g/（m^2·月）

地市	2000 年	2010 年	2018 年	地市	2000 年	2010 年	2018 年
广州	7.18	4.60	3.39	汕尾	4.08	5.17	3.29
韶关	6.31	2.37	1.94	河源	5.54	5.03	6.62
深圳	5.26	4.14	3.34	阳江	5.71	4.04	4.15
珠海	2.36	2.73	1.80	清远	3.88	2.98	2.32
汕头	5.74	6.31	3.53	东莞	6.12	6.18	4.92
佛山	7.94	4.66	3.86	中山	3.47	5.33	2.33
江门	8.15	4.14	3.98	潮州	6.74	4.43	3.04
湛江	4.51	4.32	3.16	揭阳	4.55	4.08	2.90
茂名	4.25	3.94	3.18	云浮	8.66	4.28	3.82
肇庆	4.53	3.61	3.33	惠州	6.89	3.63	4.14
梅州	3.30	2.57	2.15				

2）叶面积指数

来自北京师范大学全球陆表特征参量产品——叶面积指数 LAI_modis 数据集，空间分辨率为 1 km，时间分辨率为 8 d。通过剪裁本研究区范围，以生长季最大值合成法生成该年度叶面积指数。

3）植被覆盖度数据

来自北京师范大学全球陆表特征参量产品——植被覆盖度 FVC_modis 数据集，空间分辨率为 1 km，时间分辨率为 16 d。通过剪裁本研究区范围，以生长季多幅影像的平均值作为该年度植被覆盖度。

4）返还率数据

根据 Nowak（2013）、刘文平等（2016）等的研究成果，植被滞尘返还率与风速有关。研究区年均风速数据来源于地球系统科学数据平台中国 1 km 分辨率月平均风速数据集（2000 年、2010 年、1981—2015 年），2018 年平均风速暂用 2000—2015 年平均值替代。通过对研究区年平均风速按照表 5-4 进行重分类后获得返还率栅格图层。

表 5-4 不同风速下植被滞尘返还率

风速/（m/s）	返还率/%	风速/（m/s）	返还率/%
0	0	7	10
1	1.5	8	11
2	3	9	12
3	4.5	10	13
4	6	11	16
5	7.5	12	20
6	9	13	23

5.1.7 气候调节

（1）评价方法

参考《生态保护红线监管技术规范　生态功能评价（试行）》，生态系统气候调节服务是指生态系统通过植被蒸腾作用、水面蒸发过程吸收太阳能、降低气温、增加空气湿度，改善人居环境舒适程度的生态功能。利用生态系统蒸散发过程消耗的能量作为生态系统气候调节服务的评价指标，计算公式如下：

$$E_{\text{tt}} = E_{\text{pt}} + E_{\text{we}}$$

$$E_{\text{we}} = E_{\text{w}} \times q + E_{\text{w}} \times y$$

式中，E_{tt} —— 生态系统蒸散发消耗的总能量（为生态系统蒸散发消耗的总能量），kJ/a；

E_{pt} —— 生态系统植被蒸腾消耗的能量，直接利用美国航空航天局 MOD16 数据中的潜热通量（average of latent heat flux，LE）数据替代，J/（$m^2 \cdot d$）；

E_{we} —— 湿地生态系统蒸发消耗的能量，kJ/a；

E_{w} —— 蒸发量，m^3；

q —— 挥发潜热，即蒸发 1 g 水所需要的热量，J/g；

y —— 加湿器将 1 m^3 水转化为蒸汽的耗电量，J/g，仅计算湿度小于 45%时的增湿功能。

（2）数据来源

MOD16A3（LE，潜热通量）数据来源于美国航空航天局，通过 MRT 软件统一坐标和投影，并删除异常值。

水面蒸发量：参考范伶俐（2011）的研究成果，按广东省多年平均年水面蒸发量为 790.97 mm，即 7 909.7 m^3/hm^2。

蒸发 1 t 水需要的水量等于水的比热与质量及温度差值的乘积，按照 4 200 J/kg×75℃×1 kg，即 q 取 31.5 kJ/kg。

y 即标准大气压下水的蒸发热，2 260 kJ/kg（马国霞，2017）。

5.2 时空特征及影响因素

5.2.1 时空分布特征

5.2.1.1 水源涵养

以单位面积水源涵养量统计（图 5-1），2000 年、2010 年、2020 年三个时期研究区平均水源涵养量分别为 694.59 t/（hm^2·a）、853.21 t/（hm^2·a）、426.41 t/（hm^2·a），呈先增加后减少趋势。2000 年，深圳、惠州单位面积产水量达到 1 000 t/（hm^2·a）以上，汕尾、东莞、珠海也达到 900 t/（hm^2·a）以上，肇庆、云浮、茂名较低，不足 500 t/（hm^2·a）。

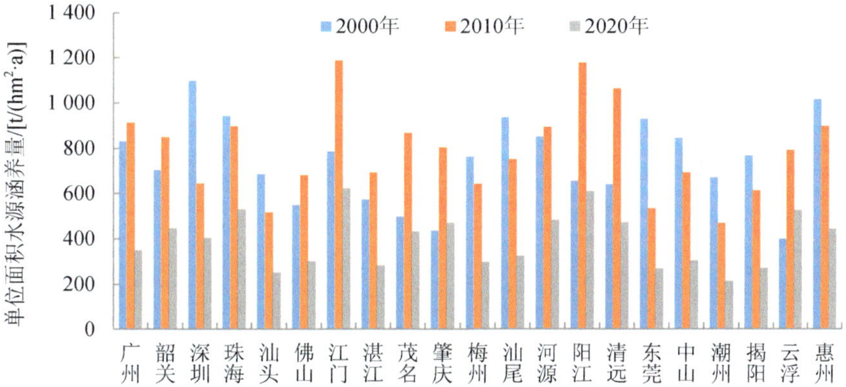

图 5-1　2000 年、2010 年、2020 年三个时期各行政区单位面积水源涵养量

以产水总量统计，研究区三个时期产水总量同样呈先增加后减少趋势（图 5-2）。各行政区中，2000 年清远、韶关、河源、梅州占比最高，达到 10%以上，珠海、汕头、中山占比最低，均不足 1%。2010 年同样以清远、韶关、河源最高，均达到 9%以上，珠海、深圳、东莞、中山等占比不足 0.6%。2020 年清远、韶关、河

源、肇庆最高，均达到9%以上，汕头、中山、东莞等较低，不足1%。

2000年、2010年、2020年研究区水源涵养量空间分布见图5-3。

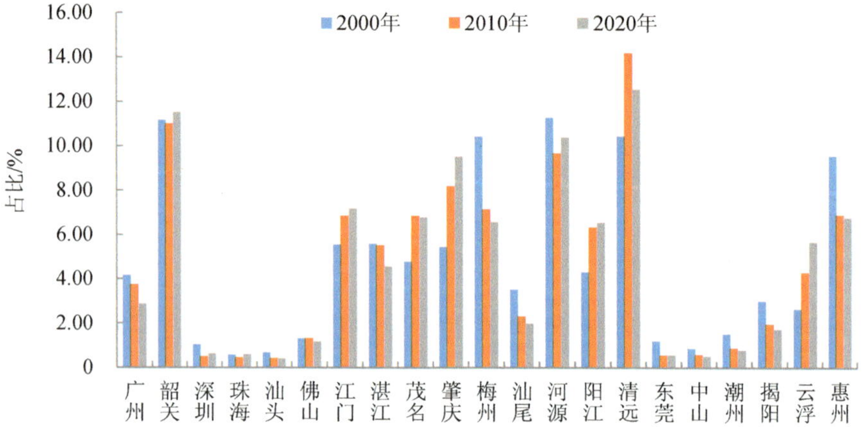

图5-2 2000年、2010年、2020年三个时期各行政区水源涵养量占研究区的比例

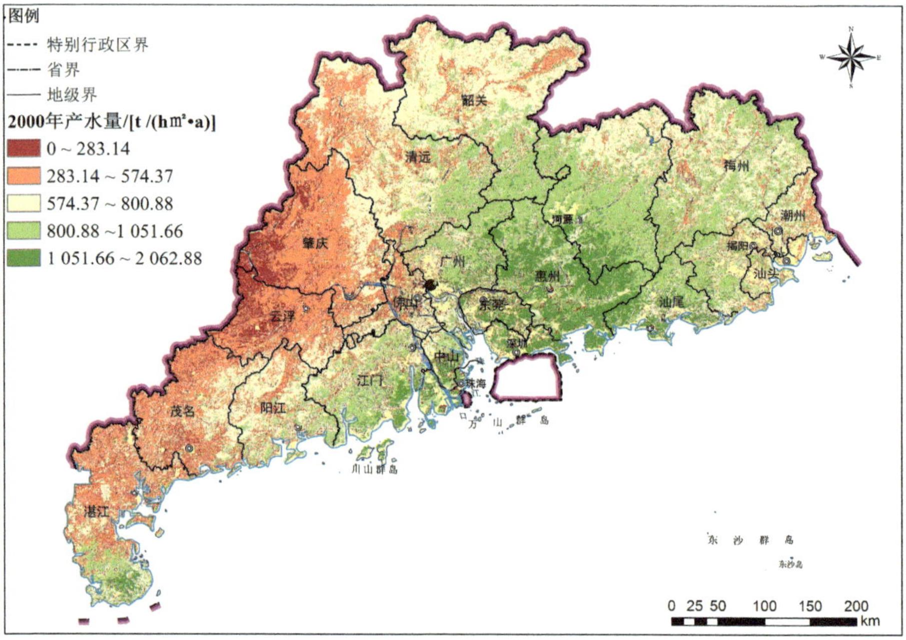

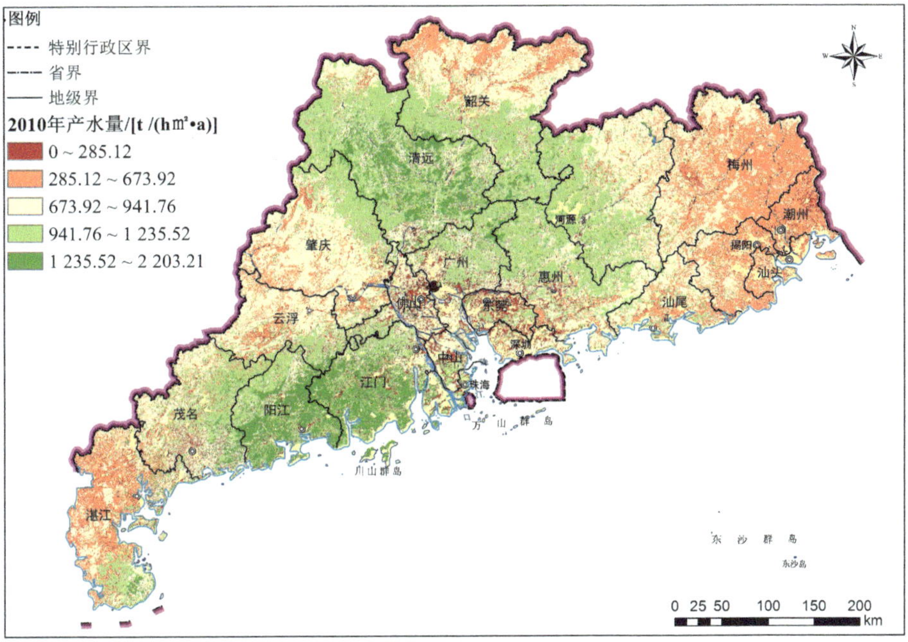

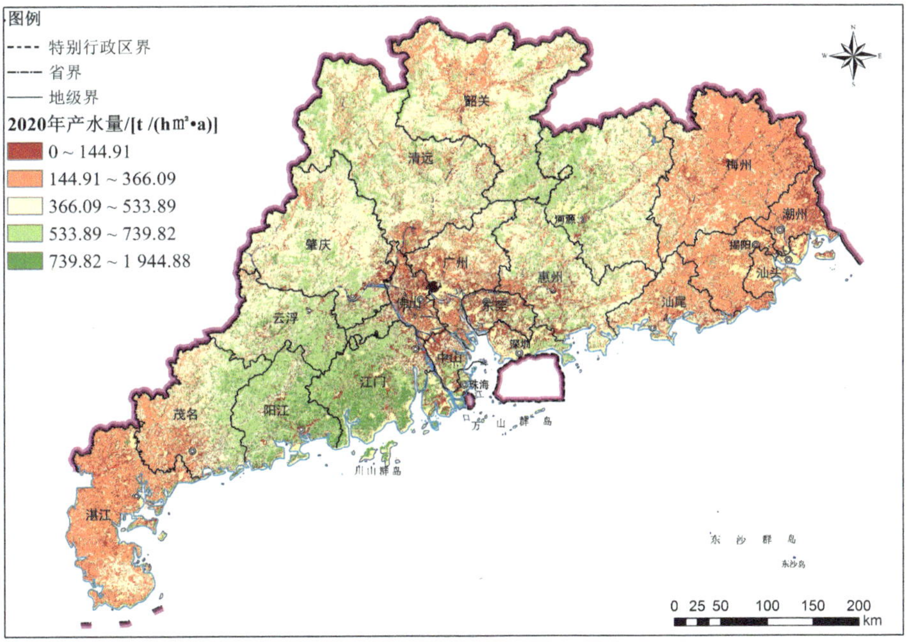

图 5-3　2000 年、2010 年、2020 年研究区水源涵养量空间分布

5.2.1.2 土壤保持

以单位面积土壤保持量统计（图 5-4），2000 年、2010 年、2020 年三个时期研究区平均土壤保持量分别为 282.77 t/(hm²·a)、341.83 t/(hm²·a)、258.70 t/(hm²·a)，呈先增加后减少趋势。韶关、清远、云浮、惠州各时期单位面积土壤保持量均较高，基本达到 400 t/(hm²·a)，深圳、汕尾 2000 年单位面积土壤保持量也高于 300 t/(hm²·a)，肇庆、茂名、梅州、河源、阳江、潮州 2010 年单位面积土壤保持量高于 300 t/(hm²·a)，多年间湛江、佛山、汕头及东莞、中山单位面积土壤保持量均较低。

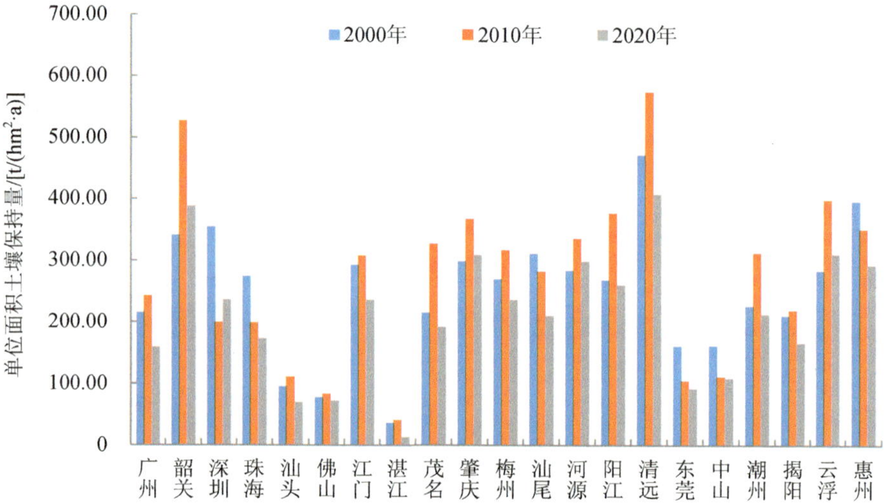

图 5-4 2000 年、2010 年、2020 年三个时期各行政区单位面积土壤保持量

以土壤保持总量统计，研究区三个时期土壤保持总量同样呈先增加后减少趋势（图 5-5、图 5-6）。各行政区中，韶关、清远、肇庆、河源、梅州各时期土壤保持总量均较高，其中清远、韶关土壤保持总量占研究区土壤保持量的 12%～18%，肇庆、梅州、河源达到 8%以上；中山、东莞、汕头、珠海、深圳、佛山均较低，占比不足 2%。

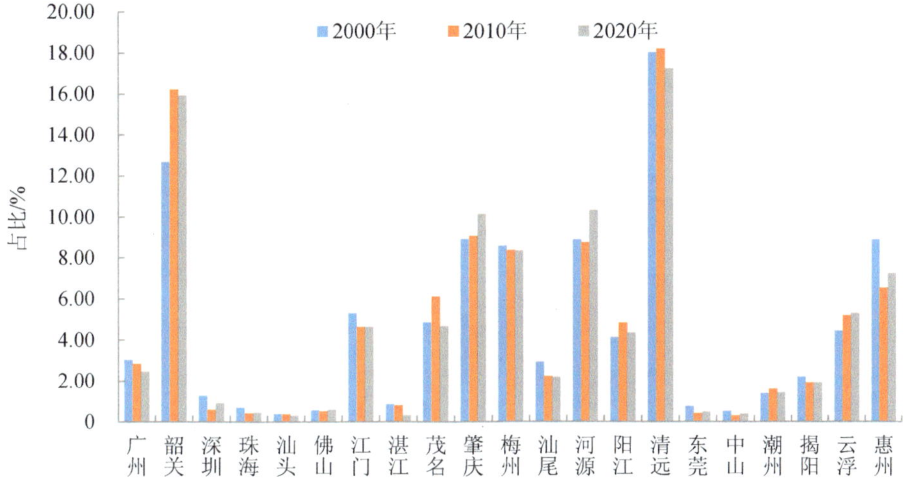

图 5-5　2000 年、2010 年、2020 年三个时期各行政区土壤保持量占研究区的比例

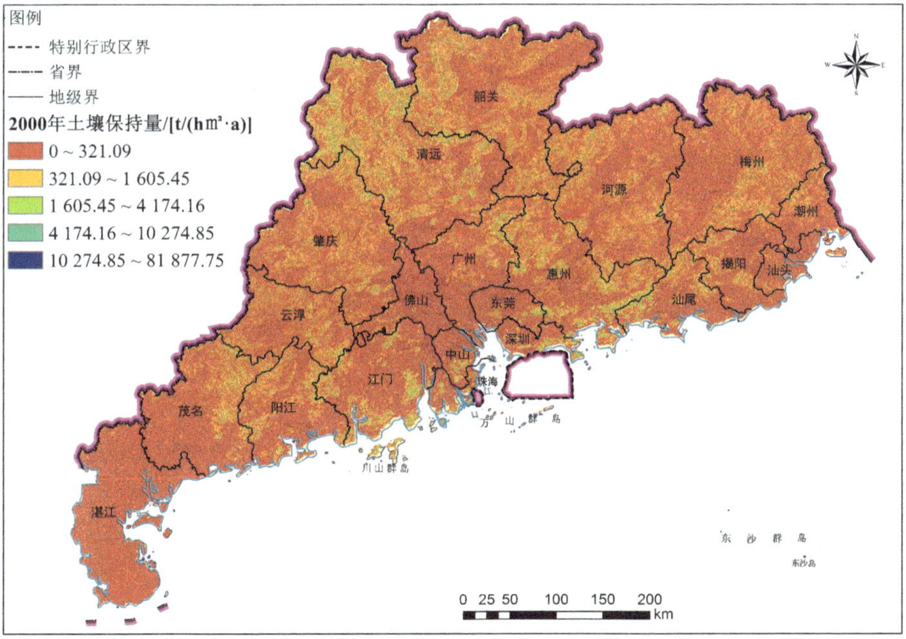

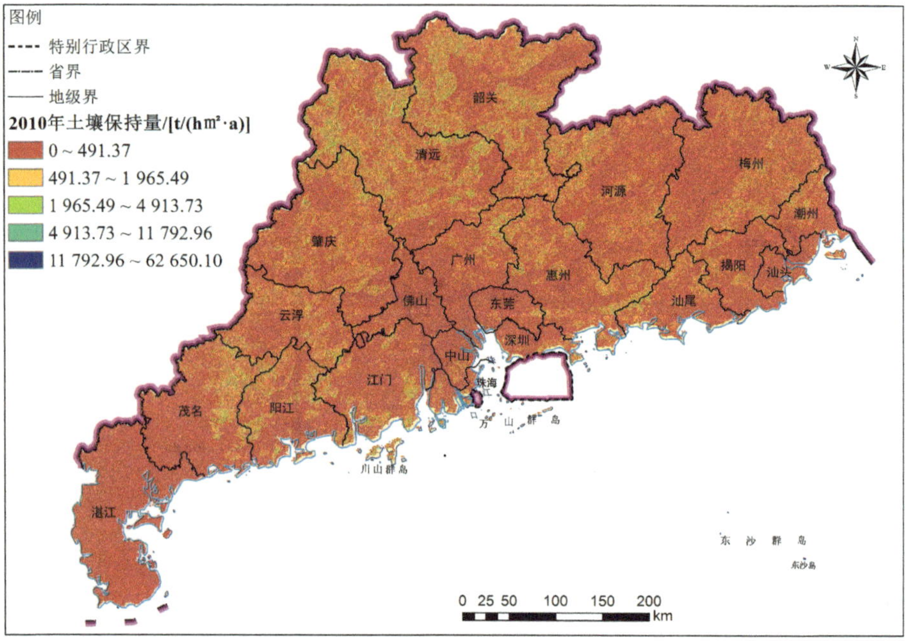

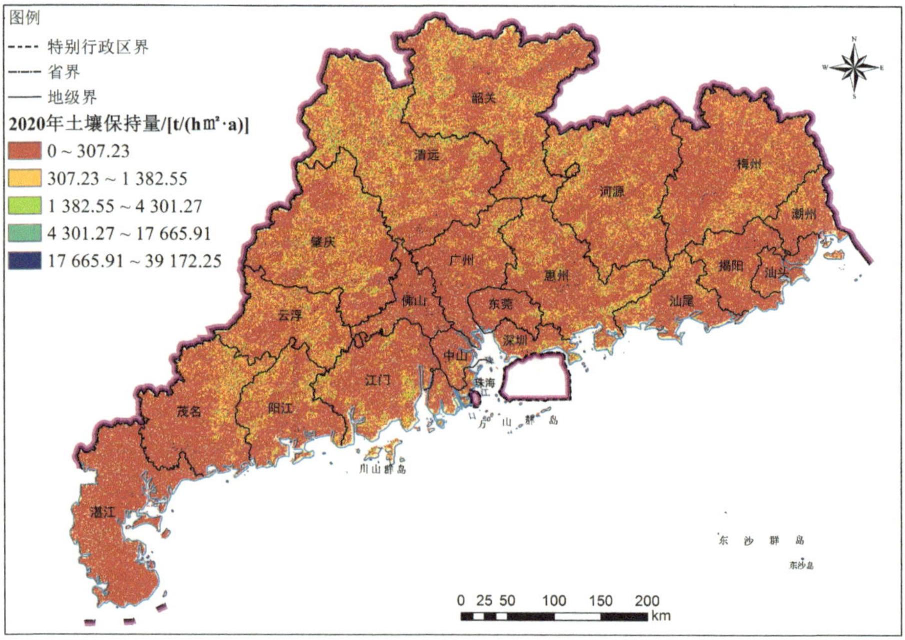

图 5-6 2000 年、2010 年、2020 年三个时期各行政区土壤保持量空间分布

5.2.1.3 生物多样性维护

以单位面积生物多样性指数统计（图 5-7），2000 年、2010 年、2020 年研究区平均生境质量指数分别为 0.71、0.49、0.51，整体呈下降趋势。按三个时期统计，韶关、清远、河源、梅州单位面积生境质量指数持续保持较高，基本均达到 0.60 以上，2000 年惠州、云浮、揭阳等地也高于 0.60，但此后下降较为明显。东莞、中山、深圳等地单位面积生境质量指数较低。

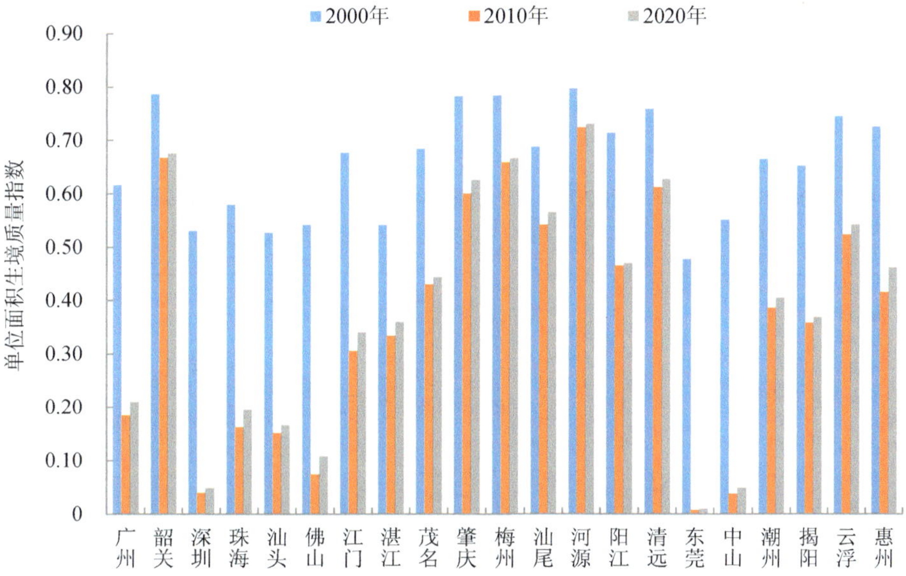

图 5-7 2000 年、2010 年、2020 年三个时期各行政区单位面积生境质量指数

2000 年、2010 年、2020 年三个时期各行政区生境质量指数占研究区的比例见图 5-8。2000 年、2010 年、2020 年三个时期各行政区生境质量空间分布见图 5-9。

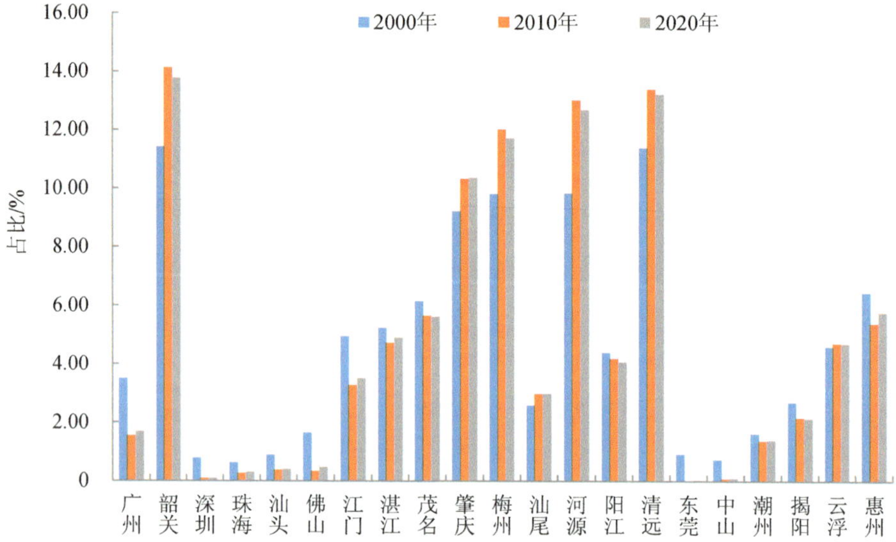

图 5-8　2000 年、2010 年、2020 年三个时期各行政区生境质量指数占研究区的比例

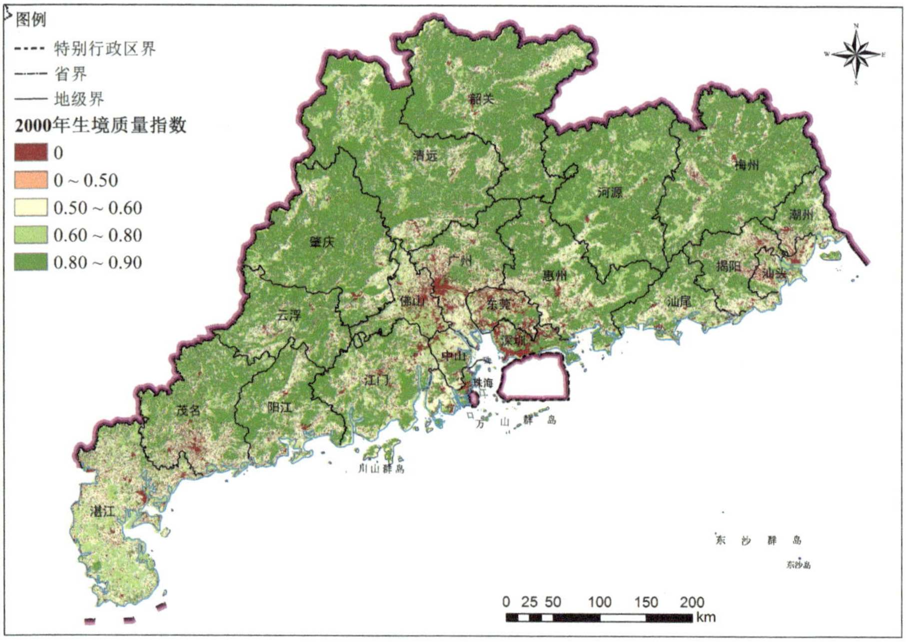

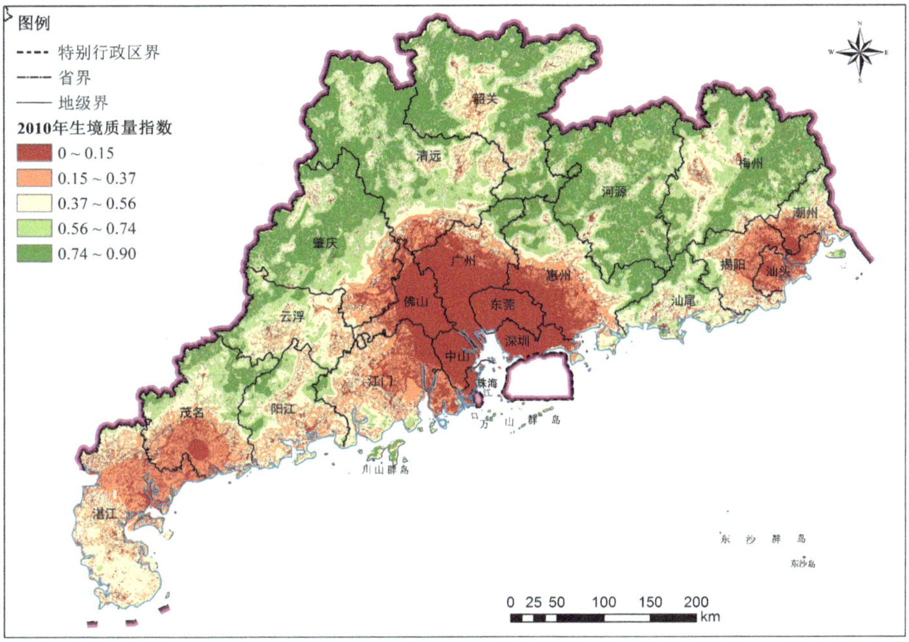

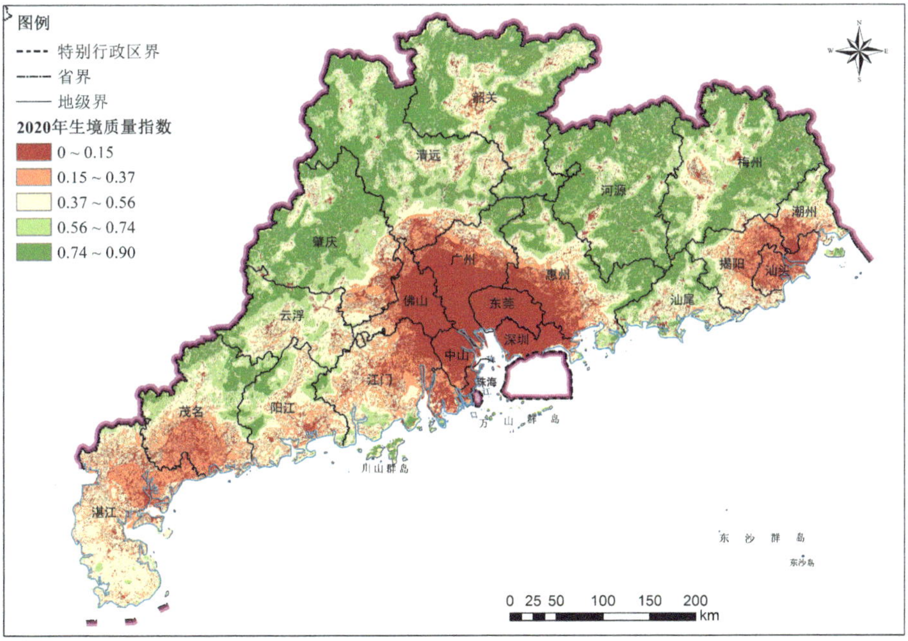

图 5-9　2000 年、2010 年、2020 年三个时期各行政区生境质量空间分布

5.2.1.4 碳储存

以单位面积固碳量统计（图 5-10），2000 年、2010 年、2020 年三个时期研究区平均植被净初级生产力（以 C 计）分别为 827.64 g/（m^2·a）、844.07 g/（m^2·a）、888.37 g/（m^2·a），呈持续增加趋势。肇庆、梅州、河源单位面积植被净初级生产力（以 C 计）最高，达到 1 000 g/（m^2·a）；韶关、阳江、清远、潮州、云浮、惠州、茂名、汕尾、揭阳等地 NPP 达到 800 g/（m^2·a）以上。单位面积碳储存量最低的是珠海、佛山、中山、东莞等地，NPP 不足 400 g/（m^2·a）。

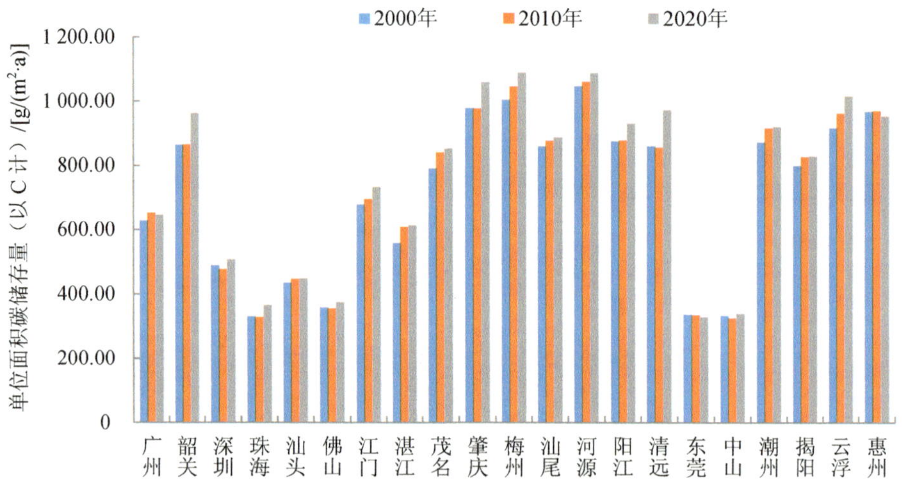

图 5-10 2000 年、2010 年、2020 年三个时期各行政区单位面积碳储存量

按固碳总量计（图 5-11），三个时期研究区总固碳量分别为 148.02 Mt/a、150.93 Mt/a、158.87 Mt/a，各地市中，韶关、梅州、河源、清远、肇庆占比最高，达到或接近 10%；其次是茂名、惠州、江门、湛江、云浮；珠海、中山、东莞、深圳、汕头、佛山最低，不足 1%。

2000 年、2010 年、2020 年三个时期研究区植被净初级生产力空间分布见图 5-12。

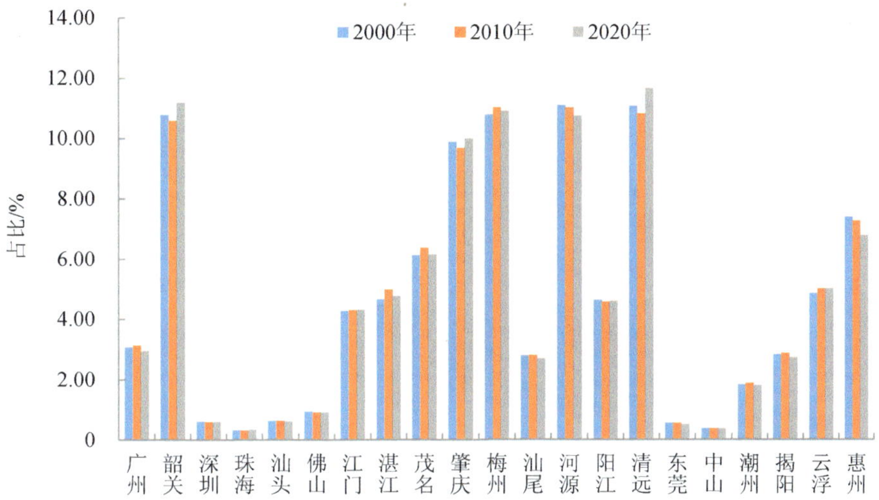

图 5-11 2000 年、2010 年、2020 年三个时期各行政区碳储存量占研究区的比例

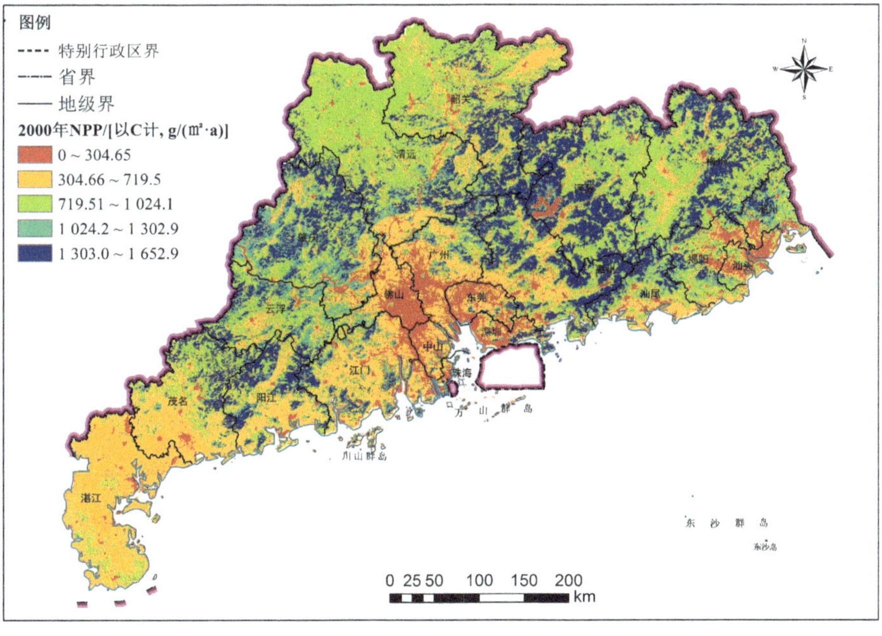

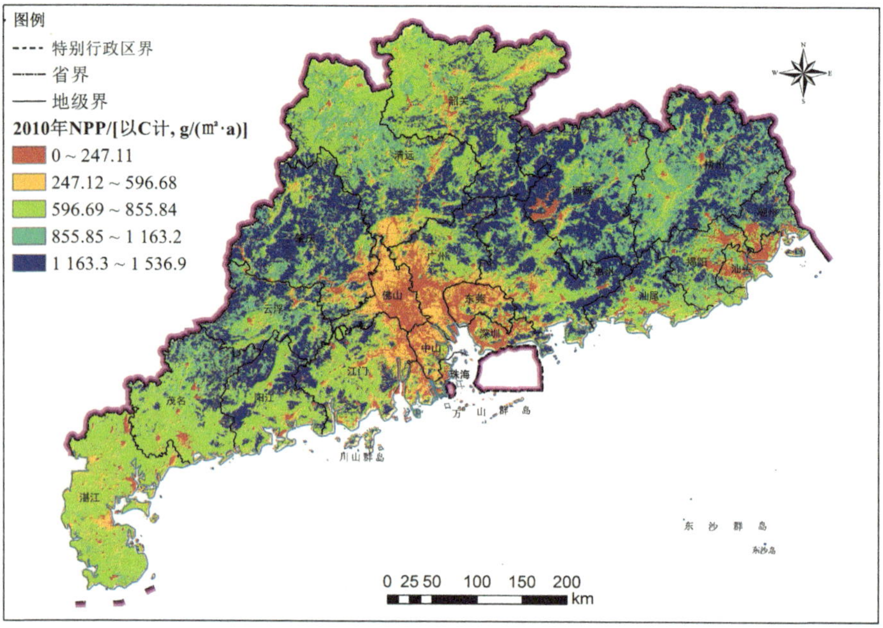

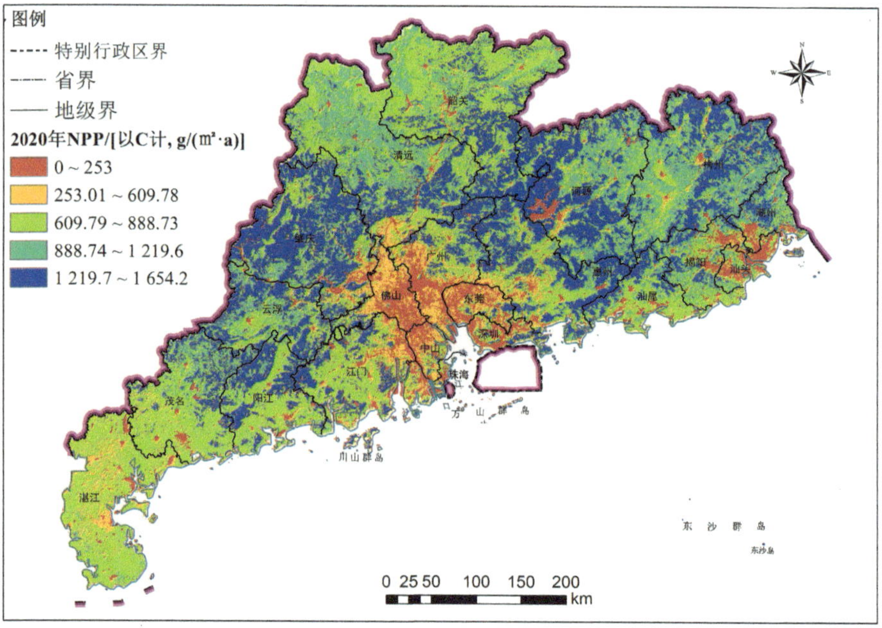

图 5-12　2000 年、2010 年、2020 年三个时期研究区植被净初级生产力空间分布

5.2.1.5 洪水调蓄

2000 年、2010 年、2020 年研究区湖库、沼泽面积均呈明显下降趋势，因而洪水调蓄总量也呈持续下降趋势，三个时期洪水调蓄总量分别为 201.42 亿 m^3/a、197.63 亿 m^3/a、191.43 亿 m^3/a。各行政区中，佛山市在 2000 年、2010 年洪水调蓄总量最高，主要是由于其坑塘水面面积较大，但 2010 年之后沼泽湿地退化严重，洪水调蓄量明显下降。其次，江门、湛江等地洪水调蓄总量也达到 15 亿 m^3/a（图 5-13）。

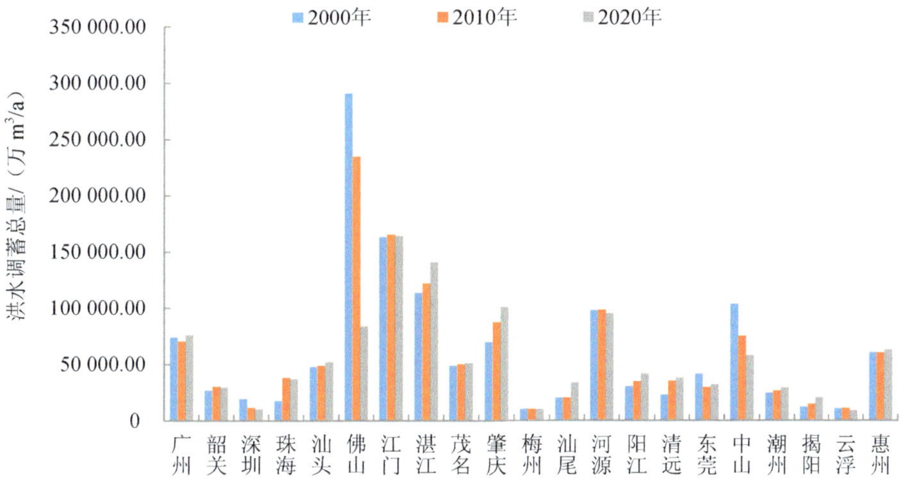

图 5-13　2000 年、2010 年、2020 年三个时期各行政区洪水调蓄总量

5.2.1.6 空气净化

以单位面积滞尘量统计（图 5-14），2000 年、2010 年、2020 年三个时期研究区平均空气净化量分别为 0.41 g/（m^2·d）、0.30 g/（m^2·d）、0.27 g/（m^2·d），呈逐年减少趋势。2000 年韶关、云浮、惠州、河源、江门较高，达到 0.50 g/（m^2·d）以上，其余时期河源、肇庆、云浮植被滞尘量较高，各时期中山、东莞等地植被滞尘量均较低。

以植被滞尘量总值统计（图 5-15），研究区三个时期滞尘总量同样呈逐年减少趋势。各行政区中，同样以河源、韶关、肇庆、清远占比最高，达到8%以上。东莞、中山、珠海、深圳、汕头等地占比最低，不足0.5%。

2000年、2010年、2018年研究区植被滞尘量空间分布见图5-16。

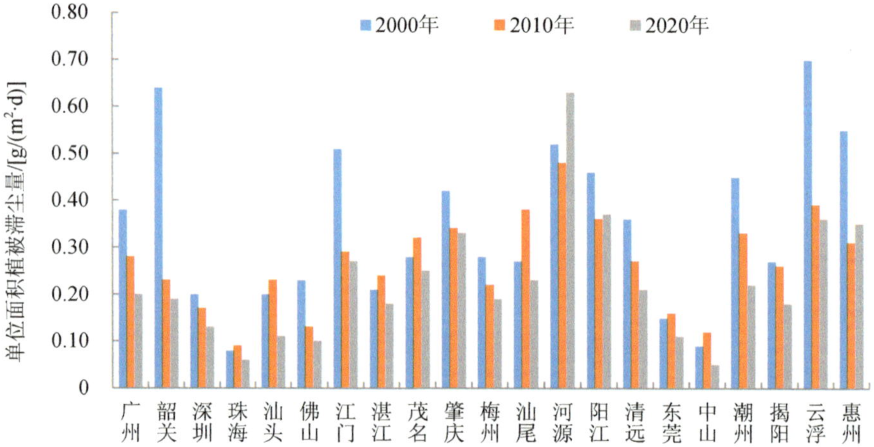

图5-14 2000年、2010年、2020年三个时期各行政区单位面积植被滞尘量

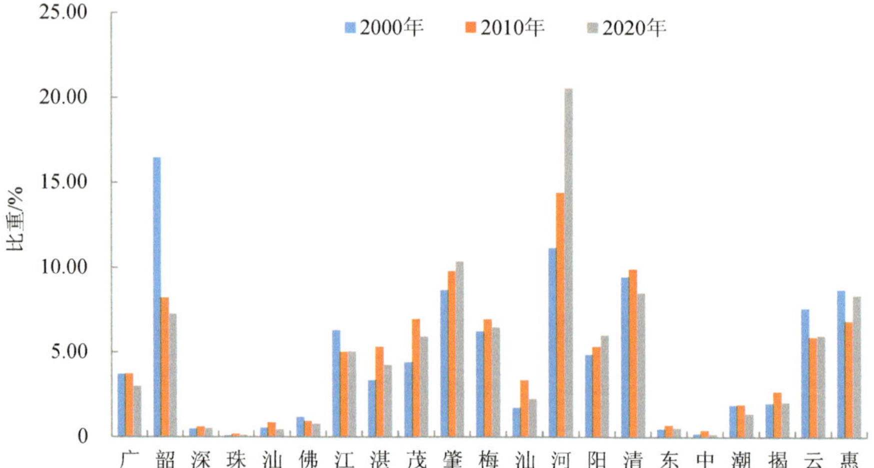

图5-15 2000年、2010年、2020年三个时期各行政区植被滞尘量占研究区的比重

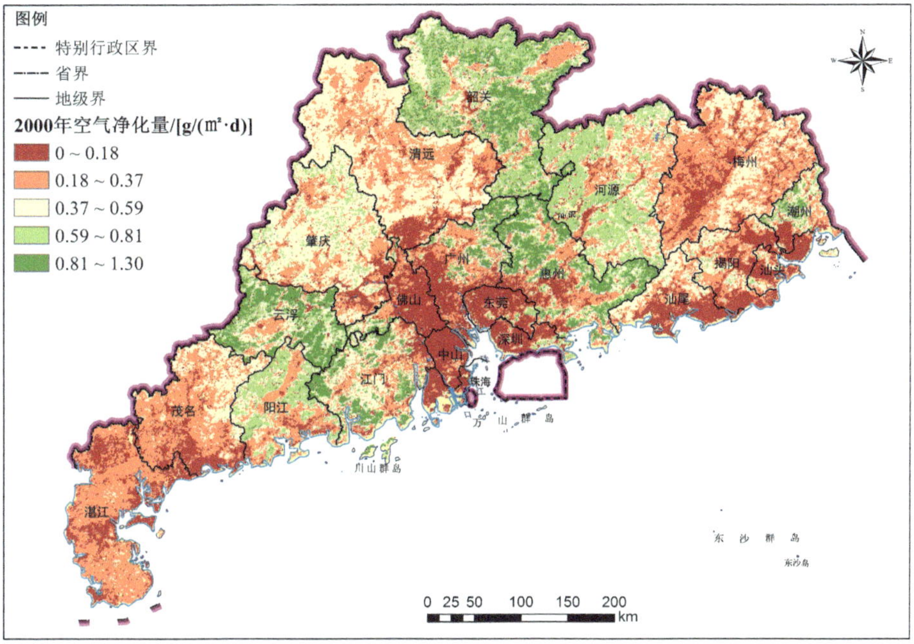
图例
特别行政区界
省界
地级界
2000年空气净化量/[g/(m²·d)]
0 ~ 0.18
0.18 ~ 0.37
0.37 ~ 0.59
0.59 ~ 0.81
0.81 ~ 1.30
韶关
清远
河源
梅州
潮州
肇庆
广州
惠州
揭阳
汕头
云浮
佛山
东莞
汕尾
深圳
中山
珠海
江门
阳江
茂名
湛江
万山群岛
川山群岛
东沙群岛
东沙岛
0 25 50 100 150 200
km

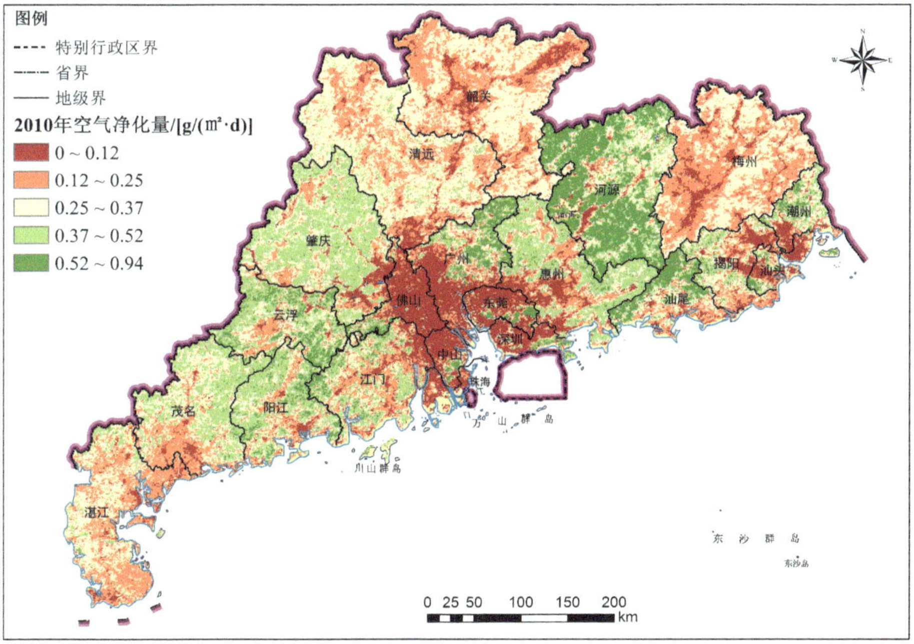
图例
特别行政区界
省界
地级界
2010年空气净化量/[g/(m²·d)]
0 ~ 0.12
0.12 ~ 0.25
0.25 ~ 0.37
0.37 ~ 0.52
0.52 ~ 0.94
韶关
清远
河源
梅州
潮州
肇庆
广州
惠州
揭阳
汕头
云浮
佛山
东莞
汕尾
深圳
中山
珠海
江门
阳江
茂名
湛江
万山群岛
川山群岛
东沙群岛
东沙岛
0 25 50 100 150 200
km

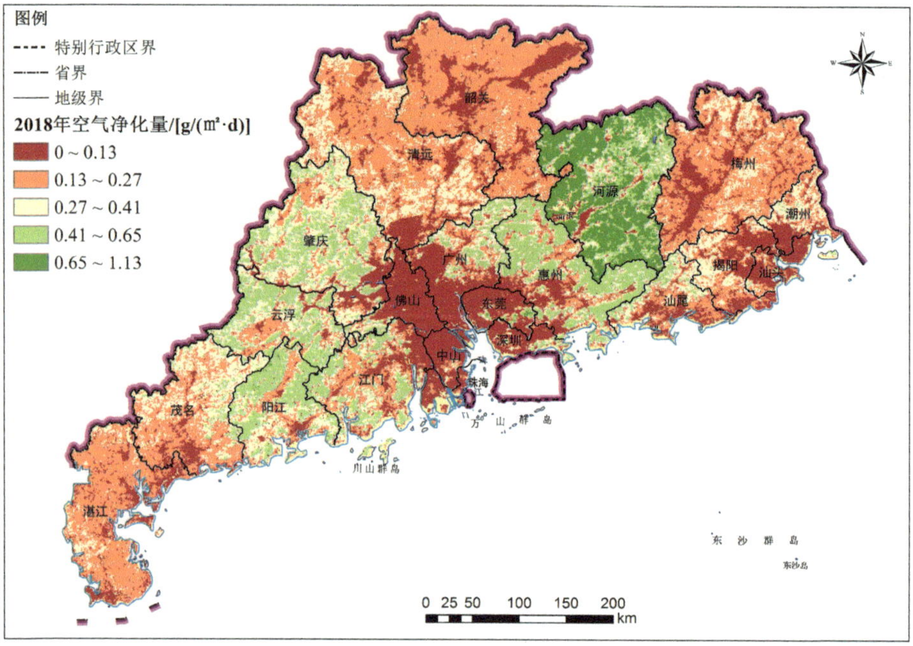

图 5-16　2000 年、2010 年、2018 年研究区植被滞尘量空间分布

5.2.1.7　气候调节

按照单位面积统计（图 5-17），研究区三个时期单位面积气候调节量分别为 15 565.52 kW·h/（hm²·d）、16 580.00 kW·h/（hm²·d）、18 998.38 kW·h/（hm²·d），呈持续增长趋势。各行政区中，深圳、珠海、汕头、东莞单位面积气候调节量最低，韶关、肇庆、梅州、汕尾、河源、阳江、清远、云浮、惠州等地均高于 15 000 kW·h/（hm²·d）。

按照区域气候调节服务总量计算，三个时期区域总气候调节量分别为 2.76×10^{11} kW·h/d、2.94×10^{11} kW·h/d、3.37×10^{11} kW·h/d。各行政区中，韶关、清远占比最高，达到 10%以上；肇庆、梅州、河源其次，达到 9%以上；深圳、珠海、汕头、中山、东莞最低，不足 1%（图 5-18）。

2000 年、2010 年、2020 年研究区气候调节服务量空间分布见图 5-19。

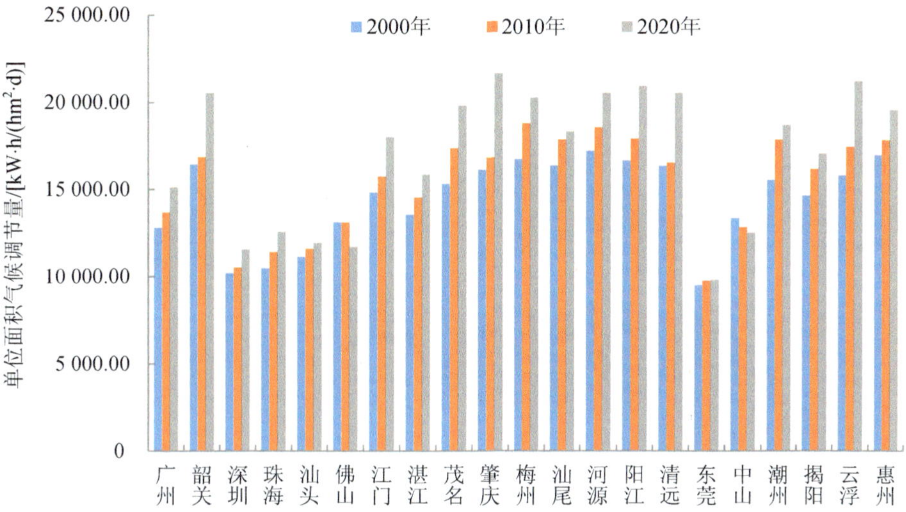

图 5-17　2000 年、2010 年、2020 年三个时期各行政区单位面积气候调节量

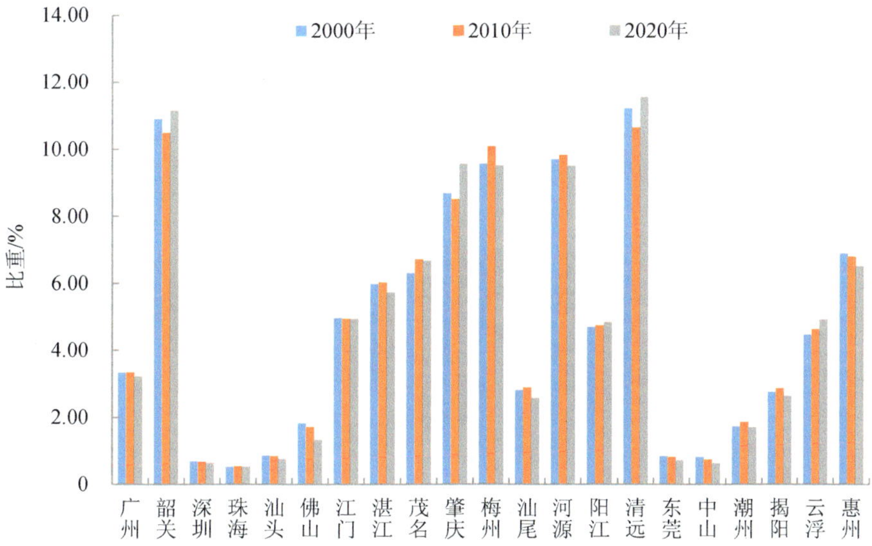

图 5-18　2000 年、2010 年、2020 年三个时期各行政区气候调节量占研究区的比重

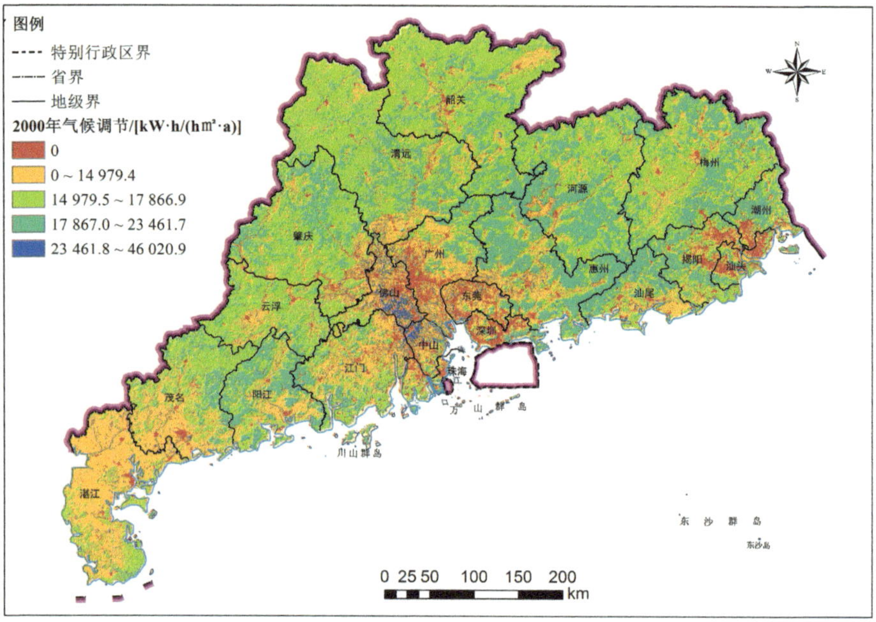
图例
特别行政区界
省界
地级界
2000年气候调节/[kW·h/(hm²·a)]
0
0 ~ 14 979.4
14 979.5 ~ 17 866.9
17 867.0 ~ 23 461.7
23 461.8 ~ 46 020.9
韶关
清远
河源
梅州
潮州
肇庆
广州
惠州
揭阳
汕头
佛山
东莞
汕尾
云浮
深圳
中山
江门
珠海
茂名
阳江
万山群岛
川山群岛
湛江
东沙群岛
东沙岛
0 25 50 100 150 200
km

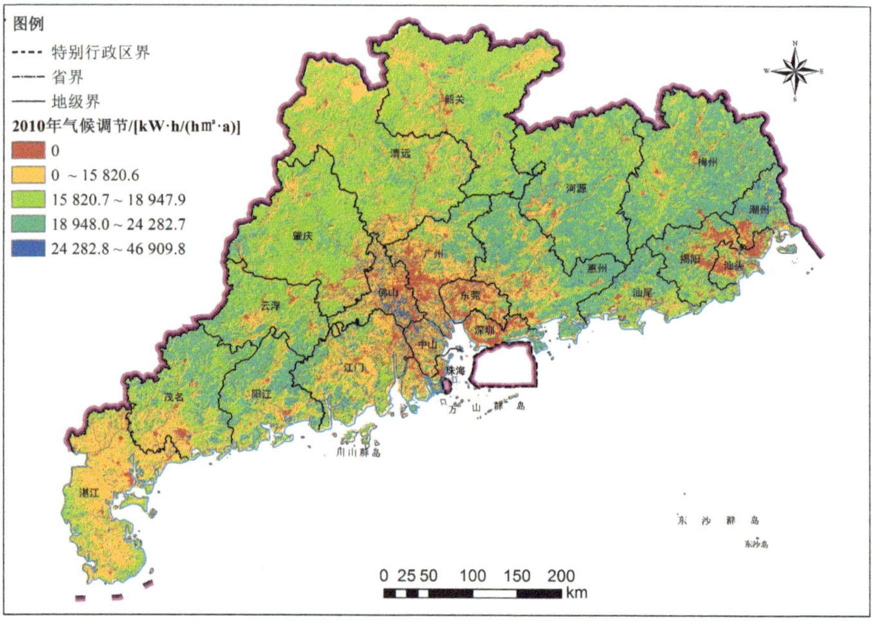
图例
特别行政区界
省界
地级界
2010年气候调节/[kW·h/(hm²·a)]
0
0 ~ 15 820.6
15 820.7 ~ 18 947.9
18 948.0 ~ 24 282.7
24 282.8 ~ 46 909.8
韶关
清远
河源
梅州
潮州
肇庆
广州
惠州
揭阳
汕头
佛山
东莞
汕尾
云浮
深圳
中山
江门
珠海
茂名
阳江
万山群岛
川山群岛
湛江
东沙群岛
东沙岛
0 25 50 100 150 200
km

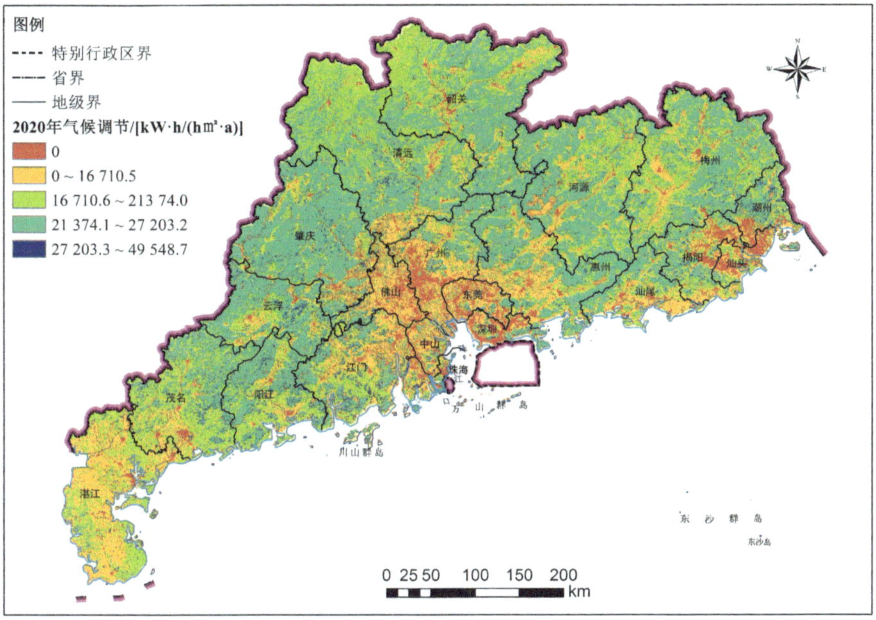

图 5-19　2000 年、2010 年、2020 年三个时期研究区气候调节服务量空间分布

5.2.2　影响因素分析

本节全面统计了多项自然因素和人为因素的区域平均值，通过趋势比较法，分析生态系统服务时间变化趋势与其之间的关系（表 5-5～表 5-7）。

表 5-5　各年度研究区平均单位面积生态系统服务

年份	水源涵养量/[t/(hm^2·a)]	土壤保持量/[t/(hm^2·a)]	固碳量（以 C 计）/[g/m^2·a)]	生境质量指数	洪水调蓄/(亿 m^3/a)	空气净化[(g/(m^2·d)]	气候调节/[kW·h/(hm^2·d)]
2000	696.91	282.52	826.24	0.71	201.42	0.41	15 539.18
2010	853.17	340.29	842.44	0.48	197.63	0.30	16 552.00
2020	427.29	258.40	886.79	0.50	191.43	0.27	18 965.31

表 5-6 各年度研究区主要自然因素平均值

年份	平均降水量/mm	平均气温（10℃）	平均风速/（m/s）	降水侵蚀力/［MJ·mm/（hm^2·h·a）］	蒸散量/mm	生长季植被覆盖度	叶面积指数
2000	1 815.54	211.22	19.77	687.99	802.98	0.625	3.22
2010	1 968.05	211.07	20.18	743.18	855.54	0.649	3.46
2020	1 627.60	220.88	23.42	475.55	990.00	0.684	3.32

表 5-7 各年度研究区主要人为因素平均值

年份	耕地占比/%	建设用地占比/%	林地占比/%	草地占比/%	水域占比/%	人类干扰指数	干沉降通量/［g/（m^2·月）］
2000	25.33	4.80	60.57	4.45	4.68	0.574	5.36
2010	24.01	6.52	60.49	4.22	4.58	0.578	4.24
2020	23.56	7.63	59.81	4.37	4.48	0.581	3.35

5.2.2.1 水源涵养

根据模型计算原理，水源涵养功能主要受降水量、地表径流量、蒸散量等因素影响，其中地表径流与地表覆盖度、降水量有关，蒸散量与地表覆盖度、地表温度、降水量等密切相关。2000—2020 年研究区水源涵养量呈先小幅上升后明显下降趋势，与降水量变化趋势一致，即主要受气象因素影响。

为进一步确定气象因素的影响力，基于 2000 年气象条件计算出研究区 2000 年、2010 年、2020 年单位面积水源涵养量分别为 696.91 t/（hm^2·a）、689.16 t/（hm^2·a）、691.04 t/（hm^2·a），可见相同气象条件下，研究区单位面积水源涵养量基本保持一致，即水源涵养量年际差异主要受年际降水不均的影响，与吕乐婷等（2019）的研究一致。

5.2.2.2 土壤保持

根据模型计算原理，水土保持服务受降水量、土壤质地、水土保持措施等多种因素影响。2000—2020 年研究区土壤保持量呈先小幅上升后明显下降趋势，与降水侵蚀力变化趋势一致，说明土壤保持量同样主要受气象因素影响。

为进一步确定气象因素的影响力，基于 2000 年气象条件计算出研究区 2000 年、2010 年、2020 年单位面积土壤保持量分别为 282.52 t/（hm^2·a）、284.38 t/（hm^2·a）、285.78 t/（hm^2·a），可见相同气象条件下，研究区单位面积土壤保持量基本保持一致，即土壤保持量主要受年际降水量不同导致的降水侵蚀力差异影响。

5.2.2.3 生境质量

根据模型计算原理，生物多样性维护功能主要由土地利用方式决定。2000—2020 年研究区生境质量呈持续下降趋势，与区域生态用地、建设用地、人类扰动等因素密切相关，即仅与人为因素有关。

5.2.2.4 碳储存

相关研究（王芳，2018；田义超，2019）表明，NPP 的变化主要受气候变化和人类活动的影响，其中气候变化中的降水和气温对植被净初级生产力的变化具有重要的作用，而人类活动对净初级生产力的影响则主要通过土地利用方式的改变来体现。降水量对 NPP 的变化趋势影响最大，但是随着人类活动日益频繁，城市化逐渐成为 NPP 变化的主要驱动力。

本研究区 2000—2020 年植被固碳量呈增加趋势，与研究区生长季平均植被覆盖度变化趋势一致，与气温、降水的变化趋势未表现出明显的直接相关，与区域生态用地面积的变化趋势相反，与上述研究结论不一致。原因一方面可能是气候因素对 NPP 的影响存在“滞后”性，另一方面可能是相关因素与碳储存的关系存在空间异质性，而本书未进行分区研究。

5.2.2.5 洪水调蓄

根据模型计算原理，洪水调蓄功能与研究区水域面积有关。2000—2020 年研究区洪水调蓄量呈持续下降趋势，与研究区水域面积的减少有关，但区域降水量并非呈持续下降趋势，因而洪水调蓄量减少的主要原因是人为活动导致的水域面积减少。

5.2.2.6 空气净化

根据模型计算原理，空气净化量与区域植被覆盖度、叶面积指数、区域污染物浓度有关。2000—2020 年研究区空气净化量呈持续下降趋势，与区域干沉降通量、林地面积变化趋势一致，与区域生长季植被覆盖度变化趋势相反，与区域平均风速、叶面积指数的变化趋势无直接关系。因而，空气净化量减少的主要原因可能是区域大气颗粒物浓度日渐下降，使表现出来的生态系统空气净化量下降，但实际的空气净化功能可能并未下降。

为进一步验证上述猜想，在 2000 年干沉降通量水平下，计算 2010 年、2020 年研究区土地利用、植被覆盖度、风速等因素下的三个时期单位面积空气净化量分别为 0.41 g/（m^2·d）、0.44 g/（m^2·d）、0.43 g/（m^2·d），可见同等污染状况下，三个时期空气净化量较为接近，其中 2010 年最高，与区域叶面积指数变化趋势一致，说明区域污染状况是影响区域空气净化量的主要因素，相同污染状况下，叶面积指数是影响空气净化量的主要因素。

5.2.2.7 气候调节

根据计算原理，气候调节量主要与区域植被蒸散量、水体蒸发量有关，而植被蒸散、水体蒸发主要受温度、风速、气压等气象因素影响。结果表示，研究区气候调节功能呈持续上升趋势，与区域平均蒸散量、年平均风速、植被覆盖度变化趋势一致，与区域温度上升也有一定的一致性，与区域生态用地面积变化趋势相反，说明气候调节主要受气候因素影响，可能是由于区域温度增加和植被覆盖度增加导致了植被蒸散量的增加，年平均风速导致了水体蒸发量的增加，由此使得气候调节量逐步增加。

5.3 研究应用案例

5.3.1 韶关市生态保护红线生态功能评估

（1）评估方法和思路

韶关市是广东省重要的生态屏障和水源涵养区，本研究参照《生态保护红线监管指标体系》，选择韶关市生态保护红线区域（2018 年年底广东省生态环境厅上报版本）中面积最大的瑶山、大东山斑块，评价其生态功能变化情况。

《生态保护红线监管指标体系》提出从面积、性质、功能、管理 4 个方面建立监管指标体系，其中功能指标包括植被覆盖指数、水源涵养能力、水土保持能力、防风固沙能力、洪水调蓄能力、重点生物物种种数保护率（%）、线性工程密度（km/km^2）7 项指标。由于重点生物物种保护率计算应依托区域生物多样性调查结果，广东省生态系统防风固沙功能不明显，因此本研究仅评价植被覆盖指数、水源涵养能力、水土保持能力、洪水调蓄能力、线性工程密度等指标变化情况。其中水源涵养能力、水土保持能力、洪水调蓄能力计算方法均与 3.1 节一致，由于未能收集到韶关市细化的土地利用分类数据，因而本研究仅通过切分广东省生态系统服务评价结果得到研究结果。植被覆盖度、线性工程密度评价方法如下：

1）植被覆盖指数

植被覆盖指数是指植被（包括叶、茎、枝）在地面的垂直投影面积占统计区总面积的百分比，主要表征了植被水平结构状况，计算方法如下：

$$\mathrm{VCI}=\left(\sum_{i=1}^{n}\mathrm{FVC}_{pi}\right)/n$$

式中，VCI —— 植被覆盖指数；

FVC_{pi} —— 生态保护红线区域遥感影像第 i 个像元的生长季平均植被覆盖度；

n —— 生态保护红线内有植被覆盖区域的遥感影像像元的总数。

2）线性工程密度

线性工程密度是指评估期新建的高等级公路、铁路、引水/输水渠等地表线性工程设施长度与生态保护红线面积的比值。计算方法如下：

$$\mathrm{LP_d}=\mathrm{AR_l}/S$$

式中，$\mathrm{LP_d}$ —— 线性工程密度，$\mathrm{km/km^2}$；

$\mathrm{AR_l}$ —— 高等级公路、铁路和引水/输水渠长度，km；

S —— 生态保护红线面积，$\mathrm{km^2}$。

（2）评估结果

结果表示，2000—2020 年韶关市生态保护红线区域（瑶山、大东山）植被覆盖指数先下降后上升，水源涵养能力、水土保持能力呈先上升后下降趋势，分别与研究区降水量、降水侵蚀力变化趋势一致，说明气候变化是影响生态保护红线区域生态功能变化的主要因素。该区域洪水调蓄能力整体保持稳定，2000 年最高，2010 年、2020 年较低，最低年比最高年下降 1.6%左右。2000—2020 年该区域无线性工程或其他建设用地，人类扰动小。整体而言，排除气候因素影响，韶关市生态保护红线区域（瑶山、大东山）生态质量、生态功能整体保持稳定，人类扰动小（表 5-8）。

表 5-8　韶关市生态保护红线区域（瑶山、大东山）生态状况指标评价结果

主要指标	2000 年	2010 年	2020 年
植被覆盖指数（量纲一）	0.753	0.745	0.810
水源涵养能力/［t/（$\mathrm{hm^2 \cdot a}$）］	723.98	1 070.51	497.65

主要指标	2000 年	2010 年	2020 年
水土保持能力/［t/（hm^2·a）］	662.23	898.64	607.34
洪水调蓄能力/万 m^3	9 084.13	8 934.50	8 956.92
线性工程密度/（km/km^2）	0	0	0

5.3.2 南岭重点生态功能区生态质量和功能评估

（1）评估方法和思路

南岭山地森林及生物多样性生态功能区是全国 25 个国家重点生态功能区之一，包括韶关市的乐昌市、南雄市、仁化县、始兴县、乳源县，河源市的和平县、龙川县、连平县，梅州市的平远县、蕉岭县、兴宁市，共 11 个县（市），总面积为 23 515 km^2。

2011 年环境保护部、财政部联合印发了《国家重点生态功能区县域生态环境质量考核办法》，建立了重点生态功能区考核评价方法，主要包括土地利用、污染物排放、环境质量及生态功能情况，其中生态功能指标包括水源涵养、生物丰度、植被覆盖度等。由于缺乏各区县环境质量及污染物排放数据，本研究仅评估土地利用及生态功能情况，同时由于该规范编制时间较早，本研究对生态功能状况按照《生态保护红线监管指标体系》进行评价。

（2）评估结果

2000—2020 年南岭重点生态功能区林地面积占比有所下降，草地、水域、耕地和建设用地面积有所上升，植被覆盖指数逐步上升。水源涵养能力呈先上升后大幅下降趋势，与区域降水量变化趋势一致。水土保持能力呈先上升后有所下降趋势，与区域降水侵蚀力变化趋势一致。洪水调蓄能力呈先上升后有所下降趋势（表 5-9）。

表 5-9　南岭重点生态功能区生态质量和生态功能指标评估结果

类别	指标	2000 年	2010 年	2020 年
土地利用	林地覆盖率/%	75.55	75.69	75.03
	草地覆盖率/%	5.33	5.12	5.49
	水域湿地覆盖率/%	0.88	0.92	0.93
	耕地和建设用地比例/%	18.19	18.22	18.48
生态质量及功能	植被覆盖指数（量纲一）	0.701	0.720	0.765
	水源涵养能力/［t/（$hm^2 \cdot a$）］	708.37	767.70	425.45
	水土保持能力/［t/（$hm^2 \cdot a$）］	298.80	417.93	328.90
	洪水调蓄能力/万 m^3	28 113.82	30 356.90	30 019.34

参考文献

Nowak DJ，Hirabayashi S，Bodine A，et al. 2013. Modeled $PM_{2.5}$ removal by trees in ten US cities and associated health effects[J]. Environmental Pollution，178：395-402.

范伶俐. 2011. 广东区域气象水文环境下蒸发皿蒸发量变化研究[D]. 南京：南京信息工程大学.

刘文平，宇振荣. 2016. 北京海淀区绿色空间 $PM_{2.5}$ 滞尘服务模拟[J]. 应用生态学报，27（8）：2580-2586.

吕乐婷，任甜甜，李赛赛，等. 2019. 基于 InVEST 模型的大连市产水量时空变化分析[J]. 水土保持通报，39（4）：144-150，157.

马国霞，於方，王金南，等. 2017. 中国 2015 年陆地生态系统生产总值核算研究[J]. 中国环境科学，37（4）：1474-1482.

田义超，黄远林，张强，等. 2019. 北部湾南流江流域植被净初级生产力时空分布及其驱动因素[J]. 生态学报，39（21）：8156-8171.

王芳，汪左，张运. 2018. 2000—2015 年安徽省植被净初级生产力时空分布特征及其驱动因素[J]. 生态学报，38（8）：2754-2767.

6

生态系统服务价值与自然资源核算

本章在第 5 章生态系统调节服务实物量计算的基础上，基于地市和区域尺度，通过机会成本法、替代成本法、恢复和防护费用法、影子工程法、旅行费用法等全面评价了区域 4 类供给服务、7 类调节服务、1 类文化服务的服务价值，分析了区域生态系统服务总价值及其空间差异，举例说明了生态系统服务价值核算在生态保护补偿、生态损害赔偿中的应用，对今后生态系统价值核算工作提出了完善建议。

6.1 研究方法和数据来源

我国生态系统服务价值核算的思路分为服务价值核算法、当量因子法和基于能值的生态元法 3 种，服务价值核算法主要在对不同生态系统、不同指标服务的实物量进行核算的基础上，得出生态系统服务价值。本研究主要基于服务价值核算法对广东省 2020 年度生态系统服务价值进行核算。生态系统服务价值核算指标体系见表 6-1。

表 6-1 生态系统生产总值实物量及价值量核算指标体系

服务类型	核算指标	实物量指标	价值量指标
供给服务	农业产品	农业产品产量	农业产品价值
	林业产品	林业产品产量	林业产品价值
	畜牧业产品	畜牧业产品产量	畜牧业产品价值
	渔业产品	渔业产品产量	渔业产品价值
调节服务	水源涵养	水源涵养量	水源涵养价值
	土壤保持	土壤保持量	减少泥沙淤积价值
			减少面源污染价值
	洪水调蓄	洪水调蓄量	洪水调蓄价值
	空气净化	净化二氧化硫量	净化二氧化硫价值
		净化氮氧化物量	净化氮氧化物价值
		净化颗粒物量	净化颗粒物价值
	水质净化	净化 COD 量	净化 COD 价值
		净化氨氮量	净化氨氮价值
	固碳释氧	固定二氧化碳量	固定二氧化碳价值
		氧气提供量	氧气提供价值
	气候调节	植被蒸腾消耗能量	植被蒸腾调节温湿度价值
		水面蒸发消耗能量	水面蒸发调节温湿度价值
文化服务	自然景观、休闲旅游	生态旅游	文化服务价值

6.1.1 供给服务价值

生态系统产品供给服务价值是指生态系统为人类直接提供的产品价值，包括农业产品、林业产品、畜牧业产品、渔业产品、生态能源等的经济价值。由于生态系统物质产品能够在市场上进行交易，存在相应的市场价格，因此采用市场价值法对生态系统的产品供给服务进行价值核算。本研究核算生态系统提供的农业产品、林业产品、畜牧业产品和渔业产品（表 6-2）价值，其价值量核算公式如下：

$$U_{\mathrm{m}} = \sum_{i=1}^{n} E_i \times P_i$$

式中，U_{m} —— 生态系统供给服务价值，元/a；

E_i —— 第 i 类生态系统产品产量，kg/a，通过查询统计局发布的统计资料，如广东省农村统计年鉴获得；

P_i —— 第 i 类生态系统产品的价格，元/kg，通过市场调查确定。

6.1.2 调节服务价值

6.1.2.1 水源涵养服务价值

水源涵养服务价值核算主要采用影子工程法，即以水库单位库容工程造价确定水源涵养服务价值，计算公式如下：

$$U_{\mathrm{wr}} = Q_{\mathrm{wr}} \times P_{\mathrm{w}}$$

式中，U_{wr} —— 水源涵养服务价值，元/a；

Q_{wr} —— 水源涵养服务实物量，m^3/a，本研究水源涵养服务实物量采用修正的 InVEST 模型核算（核算方法和数据来源详见 5.1.1 节）；

P_{w} —— 水库单位库容的工程造价，元/m^3，本研究参考《生态系统生产总值（GEP）核算技术规范　陆域生态系统》中表 C.3 生态产品价格与定价依据表（推荐使用价格），2015 年水库单位库容的工程造价为 25.85 元/（m^3·a）；根据价格指数折算 2020 年水库单位库容的工程造价为 28.31 元/m^3。

6.1.2.2 土壤保持服务价值

土壤保持服务价值（U_{sr}）核算主要采用替代成本法，从减少泥沙淤积和减少面源污染两个方面来核算土壤保持服务价值，计算公式如下：

$$U_{sr}=U_{sd}+U_{dpd}$$

$$U_{sd}=\lambda\times（Q_{sr}/\rho）\times P_c$$

$$U_{dpd}=\sum_{i=1}^{n}Q_{sr}\times C_i\times P_i/R_i$$

式中，U_{sd} —— 减少泥沙淤积价值，元/a；

U_{dpd} —— 减少面源污染价值，元/a；

Q_{sr} —— 土壤保持实物量，t/a，本研究主要采用水土流失方程计算水土保持实物量（具体的评价方法和数据来源详见 5.1.1 节）；

ρ —— 土壤容重，t/m^3，根据生态环境部环境规划院研究成果，广东省地区 ρ 取值为 1.255 t/m^3；

λ —— 泥沙淤积系数，按照我国流域的泥沙运动规律，土壤侵蚀流失泥沙的 24%淤积于水库、河流、湖泊（欧阳志云，2013），因此 λ 取值 24%；

P_c —— 单位水库清淤工程费用，元/m^3，参照《广东省市政工程综合定额 2018》（第一册　通用项目），人工挖沟槽土方，一类、二类图深度在 2 m 内，费用为 31.2 元/m^3；

i —— 土壤中氮、磷、钾、有机质数量，$i=1，2，3，4$；

C_i —— 土壤中氮、磷、钾、有机质纯含量，%；

R_i —— 磷酸二铵化肥含氮、磷，氯化钾化肥含钾，有机质中有机质的含量，根据《森林生态系统服务功能评估规范》（LYT 1721—2008），R_1 取值 14%，R_2 取值 15.01%，R_3 取值 50%，R_4 取值为 1；

P_i —— 磷酸二铵化肥、氯化钾化肥及有机质的价格，经查阅农资网（http：//www.ampcn.com/huafei/），磷酸二铵化肥的价格为 3 300 元/t，氯化钾化肥的价格为 2 800 元/t，有机质的价格为 800 元/t。

6.1.2.3 洪水调蓄服务价值

洪水调蓄服务价值（$U_{\rm fm}$）以湖泊、沼泽地洪水调蓄量作为核算指标，核算公式如下：

$$U_{\rm fm}=C_{\rm fm}\times P_{\rm w}$$

式中，$C_{\rm fm}$ —— 洪水调蓄量，$\rm m^3/a$，包括湖泊和沼泽湿地洪水调蓄量（评价方法和数据来源详见 5.1.1 节）；

$P_{\rm w}$ —— 建设水库工程单位库容的工程造价，元/$\rm m^3$，本研究参照《生态系统生产总值（GEP）核算技术规范陆域生态系统》中表 C.3 生态产品价格与定价依据表（推荐使用价格），2015 年水库单位库容的工程造价为 25.85 元/（$\rm m^3 \cdot a$），根据价格指数折算 2020 年水库单位库容的工程造价费用为 28.31 元/$\rm m^3$。

6.1.2.4 空气净化服务价值

（1）空气净化实物量核算

空气净化实物量核算依据污染物浓度是否超过环境空气功能区质量标准而选择不同的方法。若污染物浓度未超过环境空气功能区质量标准，则采用情景 1 的核算方法核算污染物净化量；若污染物浓度超过环境空气功能区质量标准，则采用情景 2 的核算方法核算污染物净化量。

1）空气净化服务——情景 1 核算方法

如果污染物排放量未超过环境空气功能区质量标准，则采用污染物排放量核算实物量。

$$Q_{\mathrm{ap}}=\sum_{i=1}^{n}Q_i$$

式中，Q_{ap} —— 大气污染物排放总量，kg/a；

Q_i —— 第 i 类大气污染物排放量，kg/a；

i —— 污染物类别，$i=1$，2，…，n，量纲一；

n —— 大气污染物类别的数量，量纲一。

2）空气净化服务——情景 2 核算方法

如果污染物排放量超过环境空气功能区质量标准，则采用生态系统自净能力核算实物量。

$$Q_{\mathrm{ap}}=\sum_{i=1}^{n}\sum_{j=1}^{m}Q_{ij}$$

式中，Q_{ap} —— 生态系统空气净化能力，kg/a；

Q_{ij} —— 第 i 类生态系统第 j 种大气污染物的单位面积净化量，kg/(km^2·a)；

i —— 生态系统类型，$i=1$，2，…，m，量纲一；

j —— 大气污染物类别，$j=1$，2，…，n，量纲一；

A_i —— 第 i 类生态系统类型面积，km^2；

m —— 生态系统类型的数量，量纲一；

n —— 大气污染物类别的数量，量纲一。

研究区空气环境质量现状较好，本研究空气净化实物量核算采用情景 1 污染物排放量核算法核算。由于广东省 2020 年度污染物排放量数据尚未公布，本研究直接采用《珠三角地区战略环境评价大气环境影响评价专题报告》（李朝晖等，2017）中的 2020 年度大气污染物排放量估算结果代替广东省环境空气（二氧化硫、氮氧化物）污染物排放量。

（2）空气净化服务价值核算

空气净化服务价值核算采用替代工程法进行，本研究只考虑二氧化硫、氮氧化物和颗粒物的净化价值，服务价值核算主要运用二氧化硫、氮氧化物净化价值计算方法：运用二氧化硫、氮氧化物二种污染物空气净化实物量，分别乘以单位二氧化硫、氮氧化物处理的费用，核算空气净化价值。

$$U_a=Q_{api}\times C_i$$

式中，U_a—— 生态系统空气净化服务价值，元/a；

Q_{api}—— 第 i 种大气污染物的净化量，t/a；

i—— 大气污染物类别，i=1，2，…，n，量纲一；

C_i—— 第 i 类大气污染物的治理成本，元/t，根据欧阳志云等（2020）的研究成果，2020 年 SO_2 治理成本为 1 298 元/t，NO_x 治理成本为 1 389 元/t。

6.1.2.5 水质净化服务价值

（1）水质净化实物量核算

水质净化实物量核算依据污染物浓度是否超过地表水水域环境功能和保护目标而选择不同的方法。若污染物浓度未超过地表水水域环境功能标准限值，则采用情景 1 方法进行核算；若污染物排放浓度超过地表水水域环境功能标准限值，则采用情景 2 方法进行核算。

1）水质净化功能——情景 1 方法

如果污染物排放量未超过地表水水域环境功能标准限值，则采用污染物排放量核算实物量。

$$Q_{wp}=\sum_{i=1}^{n}P_i$$

式中，Q_{wp}—— 水体污染物净化量，kg/a；

P_i—— i 类污染物排放量，kg/a，包括 COD、氨氮等；

i—— 污染物类别，$i=1$，2，…，n，量纲一；

n—— 水体污染物类别的数量，量纲一。

2）水质净化功能——情景 2 方法

如果污染物排放量超过地表水水域环境功能标准限值，根据生态系统的自净能力核算实物量。

$$Q_{wp} = \sum_{i=1}^{m}\sum_{j=1}^{n} P_{ij} \times A_i$$

式中，Q_{wp}—— 污染物净化总量，kg；

P_{ij}—— 某种生态系统单位面积污染物净化量，kg/km^2；

A_i—— 生态系统面积，km^2；

i—— 生态系统类型，$i = 1$，2，…，m，量纲一；

m—— 生态系统类型的数量，量纲一；

j—— 污染物类别，$j= 1$，2，…，n，量纲一；

n—— 水体污染物类别的数量，量纲一。

由于研究区水环境质量逐年趋好，本研究水质净化实物量核算采用情景 1 污染物排放量核算法核算。受疫情影响，2020 年度水污染物排放量数据不能完全体现正常水平年的污染排放情况，本研究直接采用《珠三角地区战略环境评价水资源与水环境影响评价专题报告》（龙颖贤等，2017）中的 2020 年度水污染物排放量估算结果代替广东省水污染物（COD、氨氮）排放量。

（2）水质净化服务价值核算

水质净化服务价值量计算采用替代成本法，通过工业治理水污染物成本核算生态系统水质净化服务价值。本研究只考虑化学需氧量、氨氮净化服务价值，运用化学需氧量、氨氮两种污染物水质净化实物量，分别乘以单位化学需氧量、氨氮处理的费用，核算水体净化价值。

$$U_w = \sum_{i=1}^{n} Q_{wpi} \times C_i$$

式中，U_w—— 生态系统水质净化价值，元/a；

Q_{wpi}—— 第 i 类水污染物的净化量，t/a；

C_i—— 第 i 类水污染物的单位治理成本，元/t，本研究根据《排污费征收标准管理办法》（第 31 号令），COD 当量值取 1，氨氮当量值取 0.8，C_i 通过查询中国水网取 1.9 元/kg（第一档和第三档居民生活污水处理价的平均值）；

i—— 研究区第 i 类水体污染物类别，$i = 1, 2, \cdots, n$，量纲一；

n—— 研究区水体污染物类别的数量，量纲一。

6.1.2.6 固碳释氧服务价值

（1）固碳服务

生态系统固碳服务价值采用替代成本法（造林成本法、工业减排成本法）与市场价值法（碳交易价格）核算。价值量核算公式如下：

$$U_{Cf}=Q_C \times C_C$$

式中，U_{Cf}—— 生态系统固碳服务价值，元/a；

Q_C—— 生态系统固碳总量（以 C 计），t/a，本研究生态系统固碳量以 NPP 衡量（具体的核算方法详见 5.1.4 节固碳释氧实物量核算）；

C_C—— 二氧化碳交易价格，元/t，本研究取值参考广东省环境权交易网站的最新碳排放权交易价格，取 36 元/t。

（2）释氧服务

生态系统释氧服务价值采用市场价值法（即制氧价格）核算，核算公式如下：

$$U_{op}=Q_{op} \times C_{O_2}$$

$$Q_{op} = M_{O_2} / M_{CO_2} \times Q_{CO_2}$$

$$Q_{CO_2}=Q_C \times 44/12$$

式中，U_{op}—— 生态系统释氧价值，元/a；

Q_{op} —— 生态系统氧气释放量，t/a，根据光合作用化学方程式可知，植物每生产吸收 1 mol CO_2，就会释放 1 mol 氧气，测算出生态系统释放氧气的质量；

Q_{CO_2} —— 生态系统固定二氧化碳的总量，t/a；

C_{O_2} —— 工业制氧价格，本研究取市场调查获得的医用氧气的价格，取值 3 000 元/t。

6.1.2.7 气候调节服务价值

气候调节服务价值（U_{tt}）核算指运用替代成本法（即人工调节温度和湿度所需要的耗电量）核算生态系统蒸腾调节温度或湿度价值和水面蒸发调节温度或湿度价值。气候调节服务价值核算公式如下：

$$U_{tt}=E_{tt}\times P_e$$

式中，E_{tt} —— 生态系统调节温度或湿度消耗的总能量（核算方法详见 5.1.1 节气候调节实物量核算）；

P_e —— 当地电价，元/（kW·h），本研究 P_e 取值为核算地区 2020 年度居民生活用电取高峰和低谷用电的平均值，取值为 0.75 元/（kW·h）。

6.1.3 文化服务价值

生态系统文化服务价值是指生态系统为人类提供的观赏、旅游、休憩、育乐等各种文化服务价值，本研究以各地区旅游收入近似代替，即假设自然景观的旅游收入占总旅游收入的 70%（马国霞等，2017）进行生态系统文化服务价值估算。

受 2020 年新冠肺炎疫情的影响，以 2019 年的生态旅游收入代替 2020 年的生态旅游收入价值。

6.1.4 生态系统服务价值

生态系统服务价值是区域内自然生态系统提供的所有生态产品的价值，包括供给服务价值、调节服务价值和文化服务价值，核算公式如下：

$$GEP=EMPV+ERSV+ECSV$$

式中，GEP——生态系统服务价值总量，元/a；

EMPV——供给服务价值总量，元/a；

ERSV——调节服务价值总量，元/a；

ECSV——文化服务价值总量，元/a。

6.2 生态系统服务价值核算

6.2.1 供给服务价值结果分析

根据统计资料，本研究核算了广东省生态系统生态产品供给的指标，如表 6-2 所示，包括农业产品、林业产品、畜牧业产品和渔业产品。

表 6-2 产品供给服务核算指标

产品类别	产品明细
农业产品	粮食作物（水稻）、小麦、旱粮、薯类、大豆、甘蔗、糖蔗、油料、花生、麻类、烟叶、木薯、蔬菜、瓜类
林业产品	木材、林副产品
畜牧业产品	肉类（猪、牛、羊、狗）、禽类（鸡、鸭、鹅、鸽、其他家禽）、奶类、蜂蜜、蜂蜡、禽蛋、蚕茧
渔业产品	水产品（海水产品、淡水产品）

广东省生态系统产品供给服务价值如图 6-1 所示。湛江、茂名（粤西地区）两市生态系统产品供给服务价值最高，约占广东省生态系统产品供给服务价值的 30%；深圳、东莞、中山和珠海（珠三角内圈层）等地因高度城市化，生态系统产品供给服务价值也相对较低。

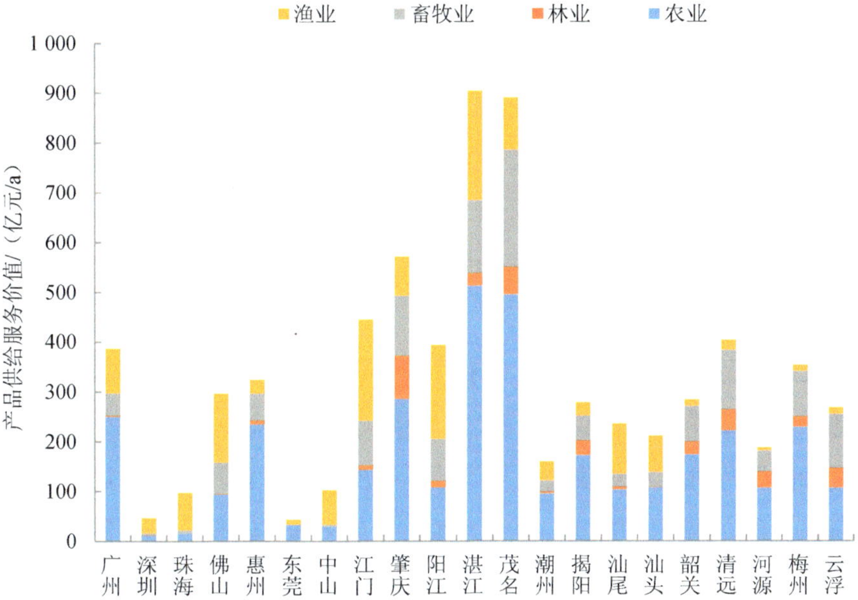

图 6-1 研究区各行政区生态系统产品供给服务价值

6.2.2 调节服务价值结果分析

6.2.2.1 水源涵养服务

根据 6.1.2.1 节水源涵养服务价值核算方法核算出广东省 2020 年水源涵养服务价值量，如图 6-2 所示。

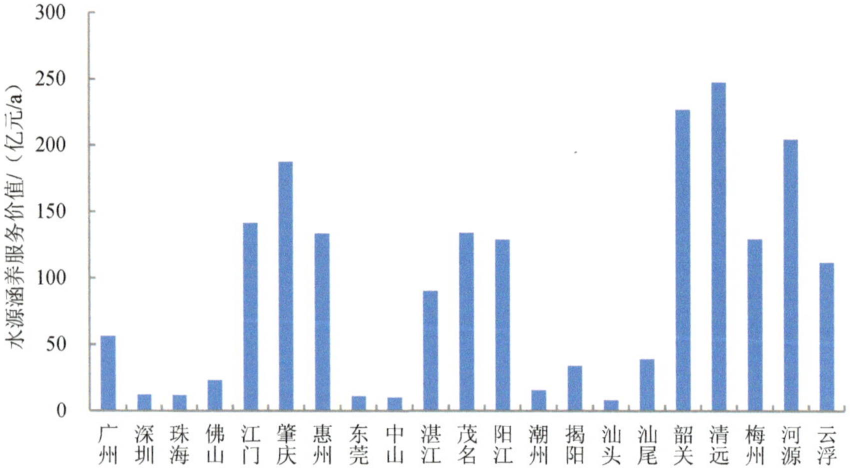

图 6-2 研究区各行政区水源涵养服务价值

从研究区水源涵养服务价值分布来看，2020 年，清远、韶关、河源、肇庆和江门等地区水源涵养服务价值量最高，其中清远最高，达 247.55 亿元；粤西沿海地区水源涵养服务价值相对较高，与该地区年度降水量较高存在一定的关联。深圳、珠海、佛山、东莞、中山、汕头等地区城市化程度较高，林草覆盖不高，水源涵养服务价值相对较低，其中汕头最低，仅为 8.16 亿元/a。

总体而言，粤北山区、江门、肇庆、惠州（珠三角外圈层）和粤西沿海地区水源涵养服务价值较高，其余地区因城市化程度较高、降水量影响等因素，水源涵养服务价值较低。

6.2.2.2 土壤保持服务

根据 6.1.2.2 节土壤保持服务价值核算方法核算出广东省 2020 年土壤保持服务价值量，如图 6-3 所示。从土壤保持服务价值分项占比来看，土壤保持服务以减少面源污染为主，其服务价值占土壤保持服务价值的 97%左右。从研究区土壤保持服务价值分布来看，韶关（粤北地区）、清远（粤北地区）、河源（粤北地区）、梅州（粤北地区）、云浮（粤北地区）、肇庆（珠三角地区）、惠州（珠三角地区）

等地区土壤保持服务价值最高，其中最高达 19.9 亿元/a，与该地区森林覆盖程度较高存在一定的关联，具有良好的土壤保持功能。深圳、珠海等城市化程度高的地区，湛江、汕头、汕尾等沿海地区土壤保持服务价值相对较低，最低的为汕头，仅为 3 564 万元/a。

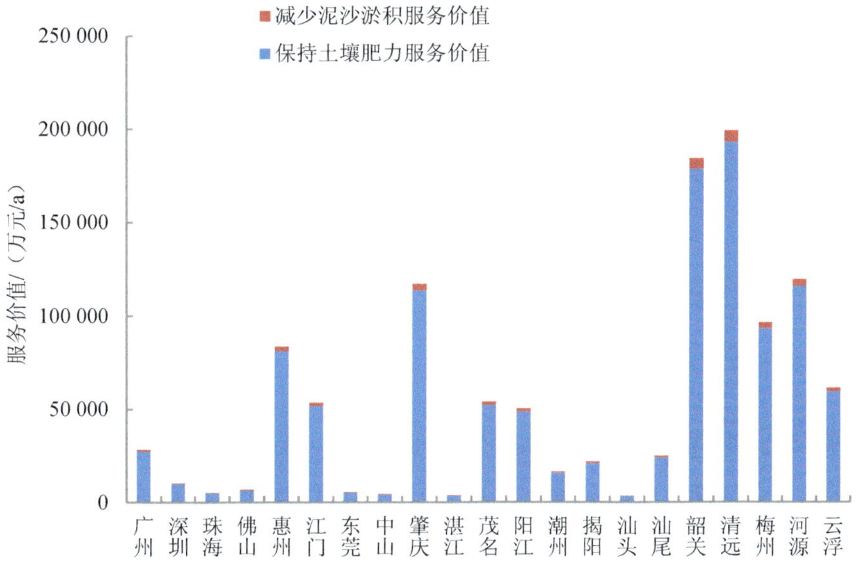

图 6-3　研究区各行政区土壤保持服务价值

6.2.2.3　洪水调蓄服务

根据 6.1.2.3 节洪水调蓄服务价值核算方法核算出广东省 2020 年洪水调蓄服务价值量，如图 6-4 所示。从洪水调蓄服务价值量来看，2020 年江门、湛江、河源、肇庆、佛山、广州等地洪水调蓄服务价值量较高，其中江门最高，达 464.59 亿元/a；深圳、梅州、云浮等地洪水调蓄服务价值量较低，其中云浮最低，仅为 25.6 亿元/a。

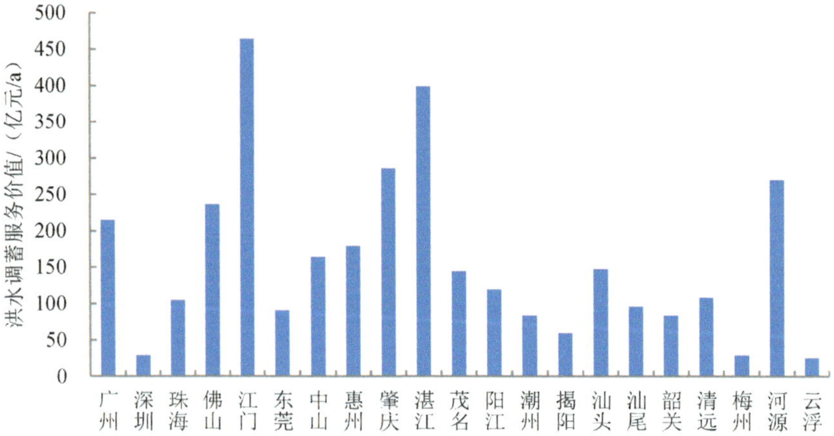

图 6-4　研究区各行政区洪水调蓄服务价值

6.2.2.4　空气净化服务

根据 6.1.2.4 节核算方法，核算出广东省 2020 年空气净化服务价值量，如图 6-5 所示。从空气净化服务分项占比来看，受氮氧化物净化处理成本的影响，氮氧化物净化服务价值显著高于二氧化硫净化服务价值。受区域排放量影响，东莞、佛山、江门、广州、深圳等地空气净化服务价值较高，其中东莞 2020 年空气净化服务价值高达 5.45 亿元/a；其余地区空气净化服务价值普遍较低。总体而言，受地区实际污染排放量的影响，研究区空气净化服务实现价值总体表现为珠三角地区高于其他地区。

6.2.2.5　水质净化服务

根据 6.1.2.5 节核算方法，核算出广东省 2020 年水质净化服务价值量，如图 6-6 所示。

从水质净化服务分项占比来看，受 COD 排放占主导的影响，COD 净化服务价值显著高于氨氮净化服务价值。

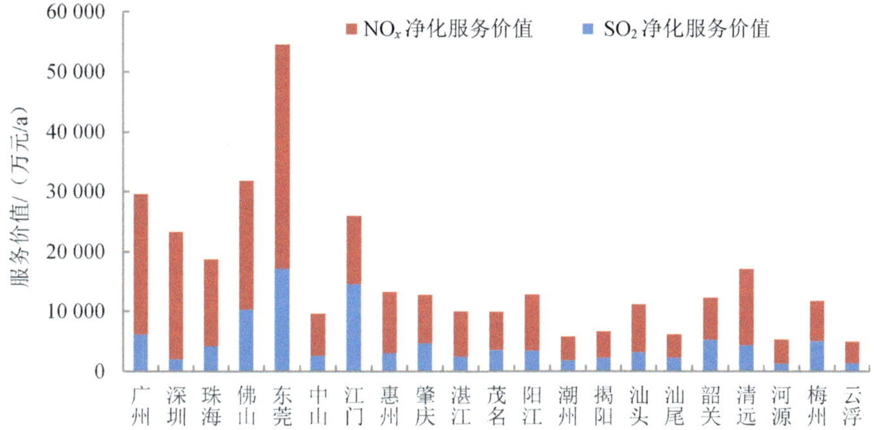

图 6-5　研究区各行政区空气净化服务价值

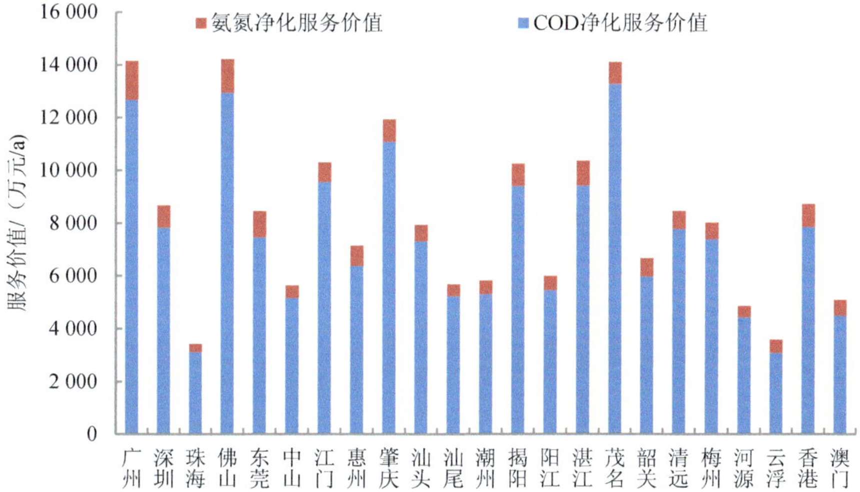

图 6-6　研究区各行政区水质净化服务价值

受区域排放量影响，人口较多的广州、佛山等地区水质净化服务价值较高；此外，肇庆、茂名、湛江、阳江等地因农业污染排放较大，因此水污染排放量大，水质净化服务价值也相对较高。

总体而言，受地区实际污染排放量的影响，研究区水质净化服务实现价值较高的地区分布在人口较多、工业发达和农业种植面积大的城市。

6.2.2.6 固碳释氧服务

根据 6.1.2.6 节核算方法，核算出广东省 2020 年固碳服务价值量和释氧服务价值量，详见图 6-7 和图 6-8。

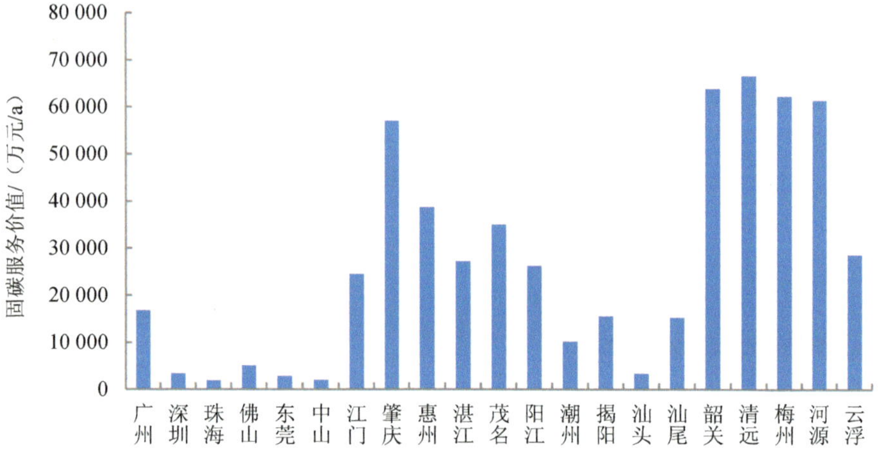

图 6-7 研究区各行政区固碳服务价值

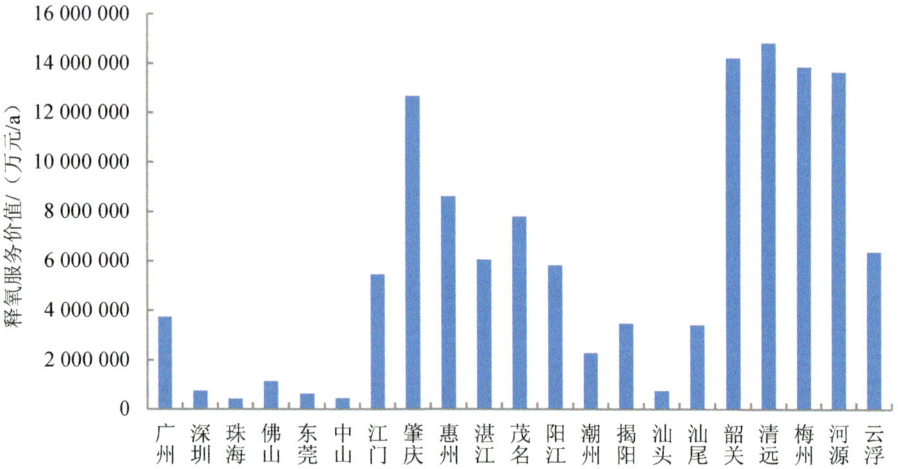

图 6-8 研究区各行政区释氧服务价值

受森林植被覆盖度影响，粤北山区固碳服务价值量和释氧服务价值量普遍较高，其中清远市最高，2020 年固碳服务价值量和释氧服务价值量分别达 6.67 亿元/a 和 1 481.91 亿元/a；其次，珠三角地区外圈层江门、肇庆、惠州和粤西地区（湛江、茂名、阳江）也相对较高；粤东地区、珠三角内圈层固碳服务价值量和释氧服务价值量相对较低。

6.2.2.7 气候调节服务

根据 6.1.2.7 节核算方法，核算出广东省 2020 年气候调节价值量，详见图 6-9。

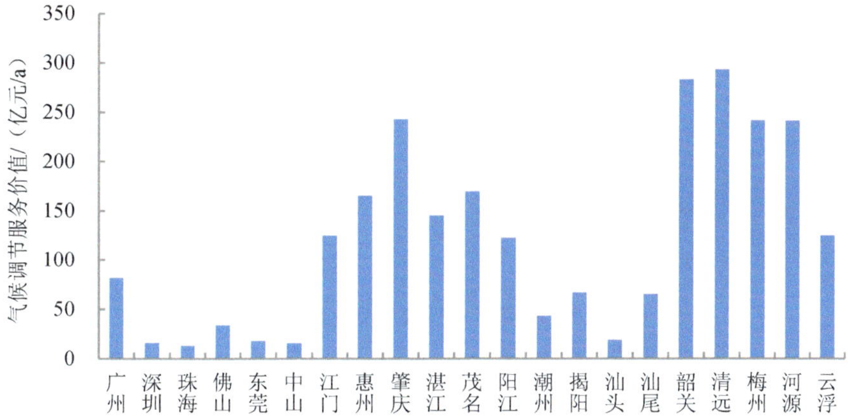

图 6-9 研究区 2020 年各行政区气候调节服务价值

受区域植被覆盖度和水面面积的影响，粤北山区 2020 年气候调节服务价值普遍较高，其中清远最高，达 293.4 亿元/a；其次，珠三角外围地区和粤西地区次之；城市化程度高的珠三角内圈层气候调节服务价值相对较低，其中珠海地区最低，仅为 13.08 亿元/a。此外，粤西地区由于森林植被覆盖度较低，气候调节服务价值也相对较低。

6.2.3 文化服务价值核算结果

根据 6.1.3 节核算方法，核算出广东省 2020 年文化服务价值量，详见图 6-10。

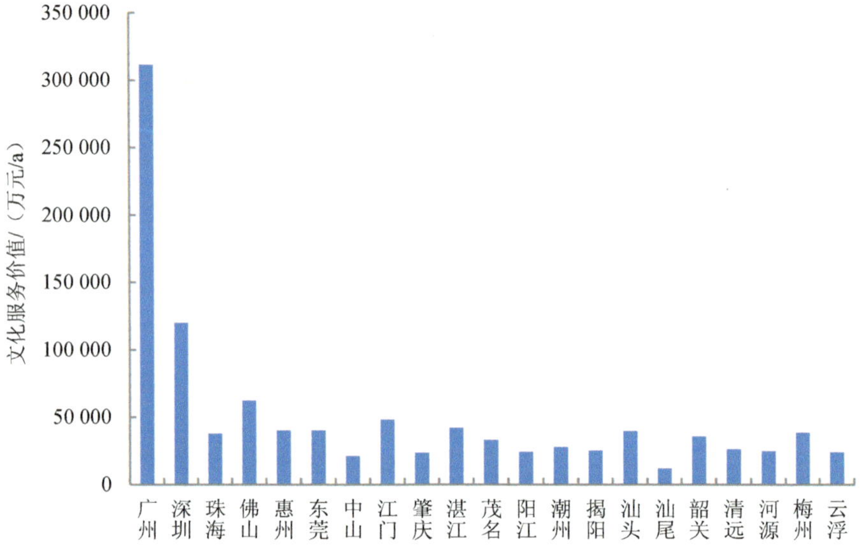

图 6-10　研究区各行政区文化服务价值

受区域旅游开发强度及配套设施完善影响，广州、深圳文化服务价值较高，分别为 311 821 万元/a 和 120 619 万元/a；其余地区文化服务价值相当，各地文化服务价值处于 12 081 万～62 430 万元/a。

6.2.4 生态系统服务价值核算结果

根据 6.1.4 节核算方法，核算出广东省 2020 年生态系统服务价值量，详见图 6-11。

从生态系统服务价值的组成来看，调节服务价值为生态系统服务价值的主要组成部分，各地区调节服务价值占比为 56%～91%；其次是供给服务价值，占比为 8～46%；文化服务价值大部分占比 0.1%～6.2%，珠三角地区相对较高。

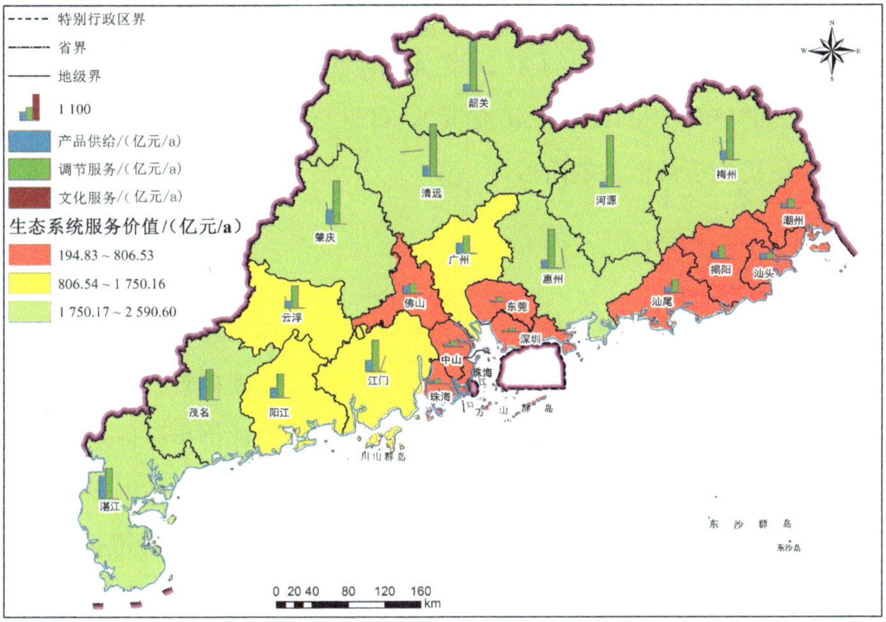

图 6-11　研究区 2020 年各行政区生态系统服务价值空间分布

从生态系统服务价值空间分布来看，广东省的生态系统服务价值空间分布差异较大，粤北山区生态系统服务价值普遍较高，其中清远最高，达 2 590.6 亿元/a；其次为珠三角外围生态屏障地区（江门、惠州）和粤西地区，生态系统服务价值为 1 367.6～2 353.5 亿元/a；珠三角内圈层（深圳、珠海、东莞、中山、佛山等地）及粤东地区（潮州、揭阳、汕头、汕尾）生态系统服务价值相对较低。

6.3　实践案例及建议

6.3.1　生态保护补偿

党的十八大以来，我国在重点领域、重点区域、流域上下游的生态保护补偿以及市场化补偿范围逐步扩大，投入力度逐步加大，但在实践中还存在优良生态产品和生态服务价值未得到体现等问题，如 2018—2019 年，韶关市全市获得国家生态保护区财政转移支付资金约 27.20 亿元，远低于本研究对韶关市 2020 年生态系统生产总值的核算结果（2 331.46 亿元），可见与国家生态补偿资金相比，生态系统服务价值仍处于被低估的阶段。

6.3.2 生态损害赔偿

某建设项目侵占森林类自然保护区，案例以《森林生态系统服务功能评估规范》（LY/T 1721—2008）为依据，构建了保育土壤、固碳释氧、森林防护、生物多样性维护和林木产品供给 5 个功能类别共 8 项指标的评价指标体系，参考相关研究成果和地方化参数，量化分析了建设项目侵占自然保护区的生态影响价值损失，经过核算，该建设项目侵占森林类型自然保护区生态影响价值损失约 90.22 万元/a，该量化评价结果可作为地方政府对相关责任人开展生态环境损害赔偿的依据。

6.3.3 GEP 核算工作完善建议

国家和地方在生态系统服务价值核算方面的研究成果和实践都取得了一定的成效，未来在推动生态系统服务价值核算成果应用方面，应加快推进以下工作：

（1）推进 GEP 核算规范化

目前，生态系统服务价值核算的框架并不完全统一，指标体系有所差异，核算方法多样，导致核算结果不可比较，核算方法难以推广。应建立规范化、标准化的生态系统服务价值核算体系，算清和算准生态账，保障生态系统服务价值核算结果的科学性和可比性。国家层面，需发布相关核算技术指南和规范，推动我国生态系统服务价值核算方法的标准化和科学性；地方层面，应结合区域特征，进一步细化，以推动地方生态系统服务价值核算规范化。

（2）推进 GEP 核算参数的可监测

生态系统服务价值核算涉及多个指标，每个指标都包含多个技术参数，要实现核算结果的精细化和可用性，必须进行关键参数本地化。加快构建“空、天、地”一体化的生态监测网络体系，实现对GEP构成因子的全方位监测、变化的动态更新，提升核算结果的科学性和可比性，促进生态产品价值的实现。

（3）推进GEP的可交易

目前，生态产品市场价值实现与分配机制尚未建立，区域生态补偿机制和市场交易机制还不健全，生态系统服务价值和生态产品价值核算结果纳入市场体系存在技术和制度障碍。国家和地方政府应加快搭建基于GEP核算的生态产品市场交易机制，以“生态有价、受益收费”的原则，推动生态产品价值的实现，实现“绿水青山”就是“金山银山”。

参考文献

马国霞，周夏飞，彭菲，等. 2019. 2015年中国生态系统生态破坏损失核算研究[J]. 地理科学，39（6）：1008-1015.

马国霞，於方，王金南，等. 2017. 中国2015年陆地生态系统生产总值核算研究[J]. 中国环境科学，37（4）：1474-1482.

欧阳志云，朱春全，杨广斌，等. 2013. 生态系统生产总值核算：概念、核算方法与案例研究[J]. 生态学报，33（21）：6747-6761.

欧阳志云，林亦晴，宋昌素. 2020. 生态系统生产总值（GEP）核算研究——以浙江省丽水市为例[J].环境与可持续发展，45（6）：80-85.

7

生态系统权衡协同关系研究

本章基于 2000 年、2010 年、2020 年三个时期广东省生态系统水源涵养、土壤保持、生物多样性维护、碳储存服务评价结果，探讨了 4 类生态系统服务之间的权衡与协同关系，分析了综合生态系统服务热点区，以期揭示广东省生态系统服务权衡协同关系的时间变化和空间异质性，为该区域生态保护修复政策的制定提供科学依据。

7.1 研究方法和数据来源

7.1.1 研究方法

近年来，在城市化进程逐步加快的背景下，人类社会活动对生态系统的影响越来越大，生态系统服务逐渐退化。同时在这种影响下各类服务之间在时间和空间上发生相互影响的关系，即权衡与协同关系。权衡表现为一增一减的关系，协同则表现为同增同减的关系。目前，该方面的研究方法主要有相关分析法、情景模拟分析法、空间制图法和热点分析法（傅伯杰，2016）。本研究基于区域尺度和城市区域尺度通过相关分析和热点区分析对广东省生态系统服务权衡与协同关系进行评估。

（1）生态系统服务相关性分析方法

相关分析属于定量分析，一般通过两者之间相关系数来体现关系，可以通过相关系数分析时间动态变化，也可以进一步表达出空间格局的演变规律。计算公式如下（陈登帅，2018）：

$$R_{xy}=\frac{\sum_{i=1}^{n}(x_i-\overline{x})(y_i-\overline{y})}{\sqrt{\sum_{i=1}^{n}(x_i-\overline{x})^2}\sqrt{\sum_{i=1}^{n}(y_i-\overline{y})^2}}$$

式中，R_{xy} —— 两两变量之间的相关系数，取值范围为[-1，1]；

x_i、y_i —— 分别代表第 i 年变量 x、y 的值；

$\overline{x}$ 、$\overline{y}$ —— 平均值。

对相关性系数进行显著性水平检验可以确保数据和结果的准确性，消除偶然性对结果的影响，本研究采用 SPSS 软件对计算的相关性系数进行显著性检验。

本研究利用 Pearson 指数相关性分析方法及双变量局部莫兰指数空间分析方法来判断生态系统服务之间的相关关系。首先，在 ArcGIS 中对 4 种生态系统服务进行标准化处理。然后，根据研究区域大小建立 1 km×1 km 的渔网进行采样，利用表格分区统计工具对采样点进行赋值。最后，将处理完的数据导入 SPSS 中进行相关性分析。

本研究利用 Geoda 软件中的双变量局部莫兰指数法对生态系统服务类型之间的显著关系进行评价。通过 1 km×1 km 网格对 4 种生态系统服务标准化后的数值进行采样，统计各栅格的平均值，并将其赋值到矢量图层上，最后导入 GeoDa 软件中建立权重，计算莫兰值并导出 LISA 图。

（2）生态系统服务热点区分析方法

对生态系统服务进行热点区识别可以在空间上进一步揭示权衡与协同关系，同时说明各服务在空间上供给能力的差异。本研究借助 ArcGIS 10.6 平台，对各时期不同生态系统服务结果进行叠加分析，将超过区域内当年生物多样性维护、水源涵养、碳储存和土壤保持 4 种生态系统服务平均值的区域定义为热点区（高敏，2020）。

某一栅格处，若没有 1 种服务超过当年该服务的平均值则为 0 类服务热点区（非热点区）。某一栅格处，若拥有 1 种服务超过当年该服务的平均值，则为 1 类服务热点区。某一栅格处，若拥有 2 种服务都超过当年各自服务的平均值，则为 2 类服务热点区。某一栅格处，若拥有 3 种服务都超过当年各自服务的平均值，则为 3 类服务热点区。某一栅格处，若拥有 4 种服务都超过当年各自服务的平均值，则为 4 类服务热点区。

7.1.2 数据来源

本部分以 5.2 节生态系统服务计算结果为基础，未使用其他数据。

7.2 生态系统服务权衡协同关系研究

7.2.1 区域尺度下生态系统服务权衡/协同

基于2000年、2010年、2020年各类生态系统服务数据，运用SPSS 24.0中的t检验法对相关系数进行显著性检验，通过0.01显著性水平的检验，最终得到区域尺度上2000年、2010年和2020年的生态系统服务间的相关系数表(表7-1)。从整体来看，生物多样性维护、水源涵养、碳储存与土壤保持之间的相关系数都大于零，并且都显示显著相关，说明以上4组服务之间都显现为协同关系，即其中一种服务的增加会导致另一种服务的增加；从动态年份的相关性来看，土壤保持与水源涵养系数一直表现为增加，即相关性增加；而土壤保持与生物多样性维护持续减小，即相关性表现为持续降低。

表7-1 研究区生态系统服务权衡与协同关系

服务类型	年份	土壤保持	水源涵养	生物多样性维护	碳储存
土壤保持	2000	1	0.214**	0.247**	0.359**
	2010	1	0.202**	0.184**	0.336**
	2020	1	0.215**	0.175**	0.303**
水源涵养	2000	0.214**	1	0.149**	0.191**
	2010	0.202**	1	0.096**	0.240**
	2020	0.215**	1	0.075**	0.341**
生物多样性维护	2000	0.247**	0.149**	1	0.495**
	2010	0.184**	0.096**	1	0.349**
	2020	0.175**	0.075**	1	0.372**
碳储存	2000	0.359**	0.191**	0.495**	1
	2010	0.336**	0.240**	0.349**	1
	2020	0.303**	0.341**	0.372**	1

**表示在0.01水平（双侧）上显著相关。

7.2.2 市域尺度下生态系统服务权衡/协同

受地域特征不同的影响，不同空间上的生态系统服务权衡与协同关系具有差异性。将研究尺度缩小到市域尺度，在 ArcGIS 软件中建立渔网，并利用提取分析工具将相关系数提取至点，得到广东省 21 个市域尺度的相关系数空间分布数据，再基于广东省各个市的行政区划图，按照不同城市对相关系数进行按区统计，得到不同城市权衡与协同关系统计表（表 7-2）。

表 7-2 广东省市域生态系统服务间权衡与协同关系统计 单位：个

生态系统服务	协同市域个数			权衡市域个数			不显著市域个数		
	2000 年	2010 年	2020 年	2000 年	2010 年	2020 年	2000 年	2010 年	2020 年
土壤保持-水源涵养	21	21	21	0	0	0	0	0	0
土壤保持-碳储存	21	21	21	0	0	0	0	0	0
土壤保持-生物多样性维护	21	18	19	0	0	0	0	3	2
水源涵养-碳储存	21	19	19	0	0	0	0	2	2

7.3 生态系统服务热点区域分布

7.3.1 区域尺度多重生态系统服务热点识别与分析

本研究根据热点区的划分方法，将广东省分为 0 类热点区（非热点区）、1 类热点区、2 类热点区、3 类热点区和 4 类热点区，分别对应能够提供 0 种、1 种、2 种、3 种、4 种生态系统服务。对多重服务热点区统计分析可得到 2000 年、2010 年和 2020 年各类热点区所占面积比例（表 7-3）。

表 7-3 生态系统服务热点区面积占比 单位：%

年份	非热点区	1 类热点区	2 类热点区	3 类热点区	4 类热点区
2000	24.12	20.56	21.13	22.13	12.06
2010	21.80	21.01	23.79	23.07	10.33
2020	25.82	18.85	20.42	23.07	11.83

从整个空间分布的特性来看，广东省主要被 1 类热点区、2 类热点区、3 类热点区和 4 类热点区覆盖（图 7-1～图 7-3），2010—2020 年热点区面积占区域总面积比例保持在 90%左右，其中 1 类热点区主要分布在区域的西部和西南部；2 类热点区主要为零星分散分布，分布在区域的北部和东部；3 类、4 类热点区的主要分布范围从 2000 年的中东部逐渐向西部转移，形成了 2020 年中、西、东部分散分布的特征。

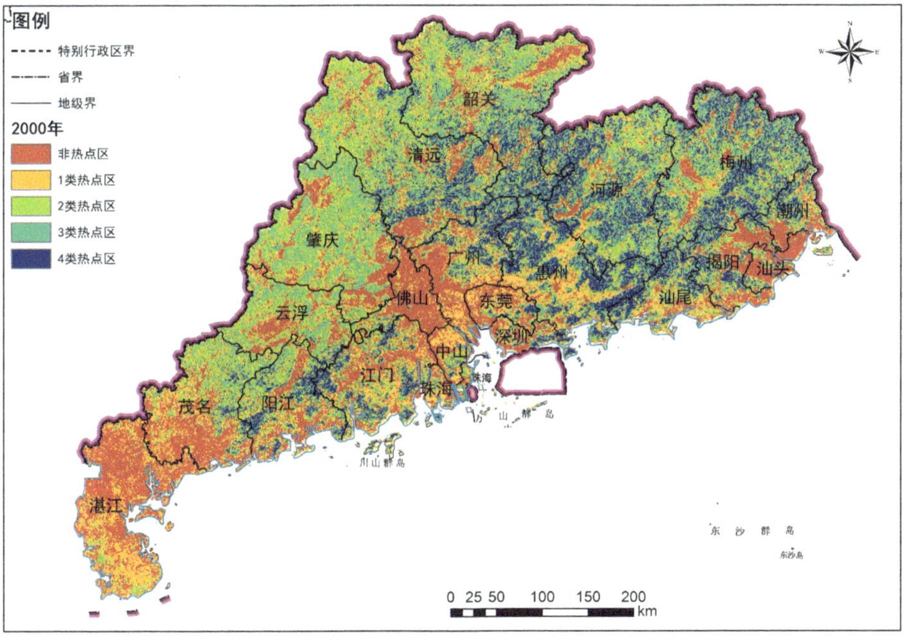

图 7-1 2000 年生态系统服务热点区

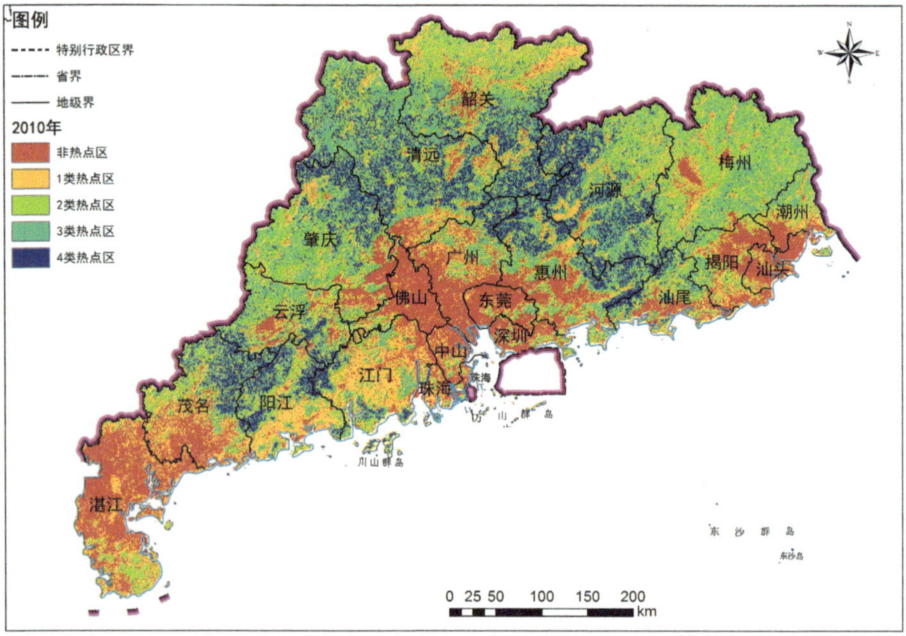

图 7-2　2010 年生态系统服务热点区

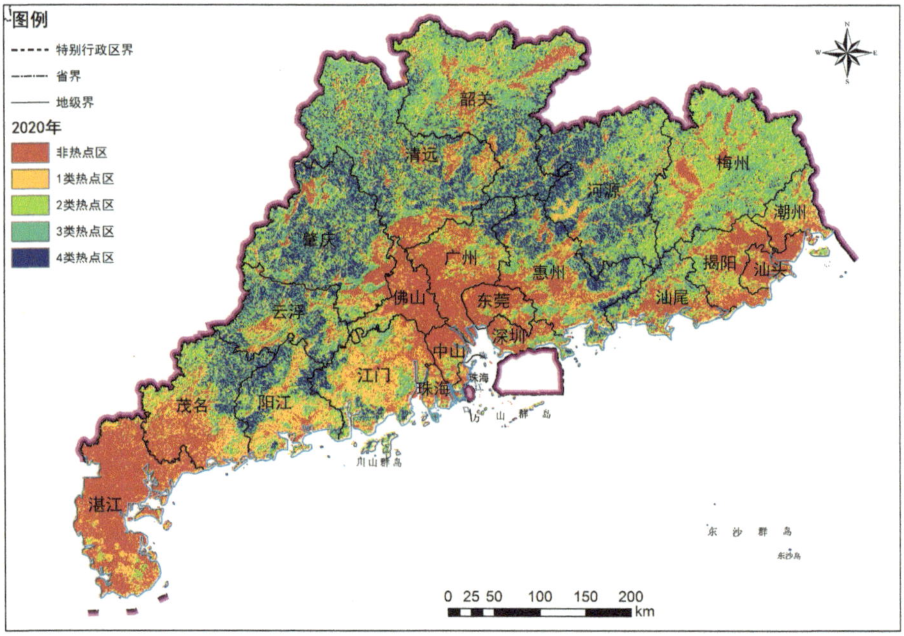

图 7-3　2020 年生态系统服务热点区

从时间动态变化来看，各类热点区的变化情况不一。其中，服务功能最强的4类热点区面积占比最小，占比从2000年的12.06%减少到2010年的10.33%，后缓慢增加到2020年的11.83%，尚未达到2000年的水平；3类热点区面积占比由2000年的22.13%增长到2010年的23.07%，到2020年基本保持不变；2类热点区表现为先增加到2010年的23.79%，后减少到2020年的20.42%；1类热点区则与2类热点区变化一致；相对占比最大的0类热点区在研究时段内变化表现为先减少后增加，从2010年最低的21.80%上升到2020年的25.82%。

综合空间分布特征与面积占比的时间动态变化来看，研究区域生态系统服务的热点区域中以1类和2类热点区为主，而服务能力较强的3类、4类热点区面积占比不高，尤其服务能力最强的4类热点区域面积最小，且有减少的趋势，说明广东省生态环境相对比较脆弱，生态系统服务能力水平还有待进一步提高。

7.3.2 城市尺度多重生态系统服务热点分析

基于多重生态系统服务热点区在整体空间上的分布特征，利用ArcGIS 10.6中的叠加分析和统计分析工具得到2000—2020年广东省各城市多重生态系统服务热点区面积，结果见图7-4～图7-6。

从整体来看，各类热点区的面积和其在各市域的占比呈现动态波动。由图可知，从区域面积来看，非热点区主要集中在湛江、广州、茂名和佛山，但是从非热点区所占市域的面积比来看，湛江、佛山、汕头、深圳非热点区占比相对较高；1类热点区面积相对较大的城市为韶关、江门、湛江和清远，从面积占比来看，广州、珠海、江门占比较高；2类热点区面积相对较大的城市为韶关、肇庆、梅州、清远和河源，从面积占比来看，肇庆、梅州和云浮的占比较高；3类热点区面积相对较大的城市为韶关、肇庆、梅州、清远和河源，从面积占比来看，河源和清远的占比较高；4类热点区面积相对较大的城市为韶关、河源、清远和惠州，从面积占比来看，河源和清远的占比较高。

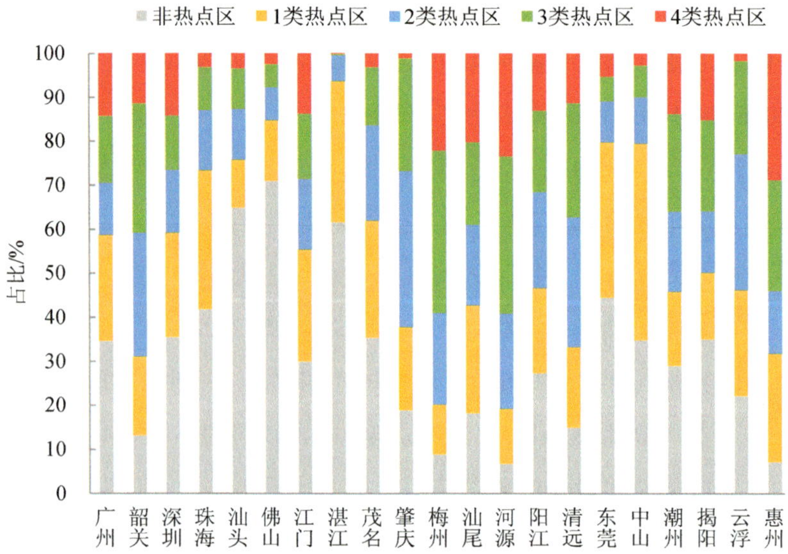

图 7-4　2000 年各城市多种生态系统服务面积占比

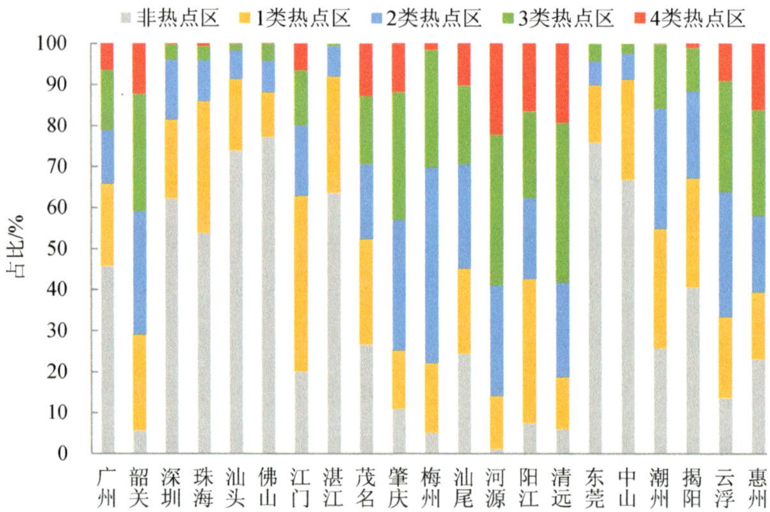

图 7-5　2010 年各城市多种生态系统服务面积占比

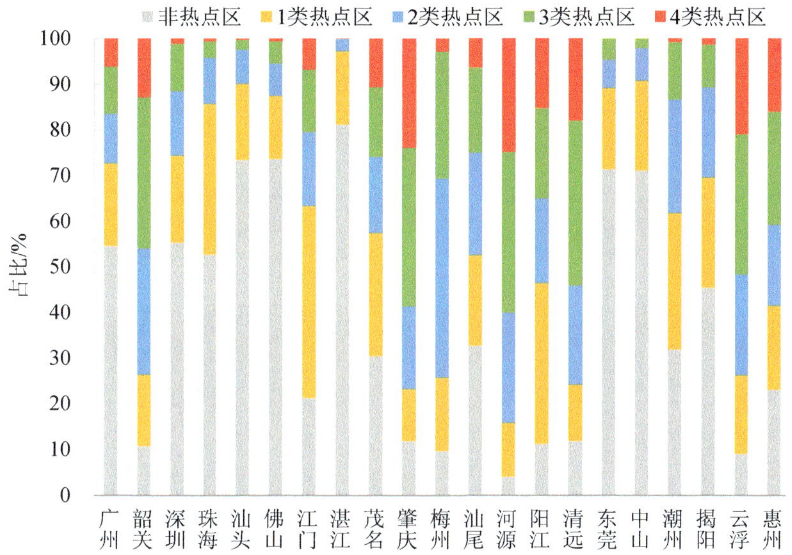

图 7-6 2020 年各城市多种生态系统服务面积占比

参考文献

陈登帅，李晶，杨晓楠，等. 2018. 渭河流域生态系统服务权衡优化研究[J]. 生态学报，38(9)：272-283.

傅伯杰，于丹丹. 2016. 生态系统服务权衡与集成方法[J]. 资源科学，38（1）：1-9.

高敏. 2020. 成渝城市群生态系统服务时空变化研究[D]. 重庆：西南大学.

8

广东省生态系统保护修复对策措施

本章基于前文研究结果，结合我国当前生态系统保护修复相关制度和实践情况，提出了广东省生态系统保护修复的对策措施。

8.1 完善生态保护管理制度

完善区域生态系统质量和功能评估制度，开展常态化区域生态状况调查评估工作，落实生态保护红线、自然保护地等重要区域遥感调查和保护成效评估等工作。加强生物多样性维护，明确各部门职责，构建“天地一体化”生物多样性监测网络体系，划定生物多样性优先保护区域。制定区域生态保护红线、自然保护地等重要生态保护区域生态监管办法。完善自然资源管理制度，统筹推进自然资源价值估算、资产负债表和生态产品价值实现等工作，完善绿色 GDP 核算制度和考核办法。完善纵向生态保护补偿制度，建立横向生态保护补偿制度。构建生态保护修复管理与考核制度。制定地方生态系统类型环境损害鉴定评估工作办法。完善生态保护基层管理治理体系，推动落实“最后一公里”。基于陆海统筹、区域协调、系统治理等理念，按“一体谋划、一体部署、一体推进、一体考核”等相关要求，构建区域生态状况调查、生物多样性维护、生态监督、生态修复、生态补偿、生态产品价值实现方面的生态保护综合管理制度。

8.2 制定生态保护地方规范

制定广东省典型生态系统服务功能价值量化、碳汇计算规范。制定地方生物多样性监测站点常规观测内容指南。制定重点流域“水资源、水环境、水生态”调查评估规范及考核指标体系。摸清各类生态产品数量、质量等底数，形成生态产品目录清单，统一地方自然资源价值估算、生态产品价值实现、绿色 GDP 核算、绿色金融相关标准或规范。构建广东省不同生态系统功能区域生态修复工程技术规范、验收指导，完善广东省生态补偿核算指标体系，研究制定广东省生态系统环境损害鉴定评估技术导则。

8.3 优化区域生态安全格局

尽快落实广东省生态保护红线、自然保护地优化调整工作，统筹修订生态功能区和主体功能区划，并纳入广东省国土空间规划。结合本研究工作，以生态保护红线和自然保护地等为生态源地，以重要山体、流域和海岸带为生态廊道，优化区域生态安全格局。适当扩大起微山、罗壳山、滑石山、罗浮山等重要生态源地或生态廊道的保护范围，并纳入自然保护地或生态控制区，实施严格管控。

8.4 推动生态系统协同保护

完善纵向生态保护补偿制度，完善重点生态功能区转移支付资金分配；建立横向生态保护补偿制度，加强流域、区域上下游补偿。围绕“碳达峰”“碳中和”目标，统筹碳交易、绿色金融等工作，不断提高外围生态屏障碳汇能力和潜力。加强“山水林田湖”系统治理，强化生态系统完整性，打破行政区划边界限制，推动重要区域多地协同保护。落实“陆海统筹”要求，强化流域各地生态保护合作，推动广东省生态系统协同保护。

8.5 加强重要区域生态监管

落实《关于加强生态保护监管工作的意见》等相关要求，形成完善的监测评估预警、监督考核问责制度体系，必要情况下制定和完善地方生态监管法规。提高生态保护红线和自然保护地等重要生态区域监管能力，多采用非现场监管、大数据监管、无人机监管等应用技术，建设省级重要生态区域监管平台。生态监管覆盖各类生态系统，加强建设项目审批和施工过程管理，落实各方生态保护责任制。结合“绿盾”行动、中央环保督察等工作，全面做好生态保护红线和自然保护地等重要生态区域监管工作，保障生态安全。

8.6 明确重点区域修复内容

按重要程度，进行分区分时段修复。将生态保护红线、自然保护地、重点生态功能区等重要区域列为优先修复区域，纳入各级政府生态修复重大工程“十四五”规划，加大资金投入；位于生态控制区、一般生态空间中的重要区域，作为次优级区域，列入中长期规划，加强生态修复。其他区域的生态障碍点、生态夹点、生态敏感区等，应列入远期规划，逐步推进生态修复。按问题类型，分类分功能修复。重要生态源地，如青云山、九连山、起微山、莲花山等，以自然恢复为主，减少人为干扰，逐步恢复生态功能；重要生态障碍点和生态夹点，以生态建设为主，提高自然度和连通性；水土流失和石漠化生态敏感区等，以工程修复为主，综合治理、系统防范。